江苏高校品牌专业建设工程资助项目(PPZY2015A055)
江苏省高等教育教改研究课题(2017JSJG128)
江苏省研究生教育教学改革课题(JGLX18-134)
江苏省省级实验教学示范中心建设资助项目(苏教高〔2011〕24 号)
中国矿业大学校级教改重点项目(2018ZD09)

安全专业实验(2)

主 编 裴晓东 朱建云 陈树亮

U0348422

中国矿业大学出版社

·徐州·

内 容 提 要

本书是针对安全科学与工程学科多层次创新型开放式实验教学体系的建设和以激发学生创新精神、培养学生实践能力为目的编写而成的。本书以煤矿安全类研究型实验为主,旨在培养学生运用开放性思维方式综合分析和解决问题的能力,并通过与有关科研课题相结合的形式进行更深层次的研究并掌握其实验方法。全书共分为17个实验,内容包括煤的自燃标志性气体测定实验,煤自燃倾向性色谱吸氧鉴定实验,煤自燃倾向性的氧化动力学测定实验,煤的坚固性系数及瓦斯放散初速度的测定实验,煤的吸附常数测定实验,煤层瓦斯压力测定实验,瓦斯浓度测定与瓦斯爆炸实验,粉尘浓度测定实验,粉尘粒径分布测定实验,粉尘接触角测定实验,煤尘爆炸性鉴定实验,旋风除尘和振打袋式除尘实验,比表面积和孔径分布测定实验,直接法瓦斯含量测定实验,20 L爆炸球测定实验,粉尘中游离二氧化硅含量测定实验,SF_6示踪气体精准定量测定实验。

本书可作为普通高等学校安全工程、采矿工程及相关工科专业的实验教材,也可供其他从事工程设计、现场管理、"一通三防"和劳动保护的相关技术人员阅读和参考。

图书在版编目(CIP)数据

安全专业实验.2/裴晓东,朱建云,陈树亮主编.—徐州：
中国矿业大学出版社,2019.10
ISBN 978 - 7 - 5646 - 4502 - 1

Ⅰ.①安… Ⅱ.①裴… ②朱… ③陈… Ⅲ.①安全工
程—实验 Ⅳ.①X93-33

中国版本图书馆 CIP 数据核字(2019)第 144711 号

书　　名	安全专业实验(2)
主　　编	裴晓东　朱建云　陈树亮
责任编辑	李　敬
出版发行	中国矿业大学出版社有限责任公司
	(江苏省徐州市解放南路　邮编221008)
营销热线	(0516)83884103　83885105
出版服务	(0516)83995789　83884920
网　　址	http://www.cumtp.com　**E-mail**：cumtpvip@cumtp.com
印　　刷	江苏淮阴新华印务有限公司
开　　本	787 mm×1092 mm　1/16　**印张** 10.5　**字数** 249 千字
版次印次	2019 年 10 月第 1 版　2019 年 10 月第 1 次印刷
定　　价	36.00 元

(图书出现印装质量问题,本社负责调换)

前　言

为充分发挥实验教学在增强学生社会责任感、激发学生创新精神、培养学生实践能力等方面的重要作用,形成重视实践教学与理论教学协同培养高素质专门人才的良好氛围,江苏省省级实验教学示范中心——中国矿业大学安全工程实验中心在建设发展中逐步形成了"以矿业安全为特色,以实践能力和创新能力为目标,以学生为主体、教师为主导,寓创于学,全方位培养自主学习与实践创新能力,实施开放式实验教学,激发学生主动性,促进学生知识、能力、思维和素质的全面协调发展,培养高素质复合型安全工程高级专门人才"的教学理念。为此,中心开创性地将各门专业课的实验内容集中在一起独立授课,通过对整个实验教学体系和教学内容的优化整合,已建成一个包含"基础实验、选修实验、研究型实验、科研拓展型实验"的多层次创新型开放式的实验教学体系。

"安全专业实验(2)"是中国矿业大学安全科学与工程学科独立设课的研究型和科研拓展型实践课程。它以提高学生的综合能力为目的,旨在培养学生运用开放性思维方式综合分析和解决问题的能力,开设以研究性为主的实验项目,以及通过与有关科研课题相结合的形式进行更深层次的研究并掌握其实验方法,并结合国家级、省级大学生创新训练计划及"挑战杯"全国大学生课外学术科技作品竞赛等赛事的要求,以项目驱动为载体,鼓励和支持部分优秀本科生尽早参与科学研究、技术开发和社会实践等创新实验实践活动,以更好地培养学生的创新精神和提高学生的实践能力。

"安全专业实验(2)"课程的开设,可以满足安全科学与工程学科本科生,尤其是煤矿安全方向的学生在学完相关专业主干课程后,根据研究方向和兴趣选择相关实验内容,集中开展"一通三防"高层次、前沿性的科研创新实验活动,培养学生创新能力;重点熟悉并掌握煤自燃防治方面的相关实验,包括:煤的自燃标志性气体测定实验、煤自燃倾向性色谱吸氧鉴定实验、煤自燃倾向性的氧化动力学测定实验、SF_6示踪气体精准定量测定实验;重点熟悉并掌握瓦斯防治方面的相关实验,包括:煤的坚固性系数及瓦斯放散初速度的测定实验、煤的吸附常数测定实验、煤层瓦斯压力测定实验、瓦斯浓度测定与瓦斯爆炸实验、比表面积和孔径分布测定实验、直接法瓦斯含量测试实验;重点熟悉并掌握粉尘理化特性及防治方面的实验,包括:粉尘浓度测定实验、粉尘粒径分布测定实验、粉尘接触角测定实验、煤尘爆炸性鉴定实验、旋风除尘和振打袋式除尘实验、20 L爆炸球测定实验、粉尘中游离二氧化硅含量测定实验;并鼓励学生有选择性地参加当年度的教师科研项目,在科研实验活动中锻炼动手创新能力。"安全专业实验(2)"课程的开设目标是使得学生能够针对复杂的煤矿安全研究领域(煤自燃、瓦斯、粉尘)开展测试、分析和研究工作,培养学生掌握安全专业实验技术,提高学生在实验过程中发现、解决相关研究问题的综合能力,并能够针对某一专业领域的问题,提出实验方案,采用科学的方法对煤矿安全领域的专业问题进行实验研究,具有获得正确实验结果并进行分析的能力。

　　《安全专业实验(2)》教材是在原安全专业实验(2)讲义的基础上,经过2008—2014级七届本科生的教学实践,对原讲义中存在的问题和不足进行了修正和补充,并结合最新版本科培养方案的制订及安全工程专业认证的相关要求,大幅调整和增加了部分实验内容而成。其中,每个实验项目基本都包括了实验背景知识、实验目的、实验仪器与设备介绍、实验方法与步骤、实验数据记录、实验报告撰写要求以及实验思考等方面的内容,能够满足学生自学和独立开展开放式实验实践教学活动的需要。

　　本教材由中国矿业大学安全工程实验中心裴晓东、朱建云、陈树亮担任主编,实验一、二、十三、十四、十五和十六由朱建云老师编写,实验三、八、九、十、十一和十七由裴晓东主任编写,实验四、五、六、七和十二由陈树亮老师编写,最后由裴晓东主任对全书进行统稿。本教材在编写过程中,得到了中国矿业大学安全工程学院李增华教授、仲晓星教授以及王亮教授等的支持和帮助,在此一并表示感谢。

　　由于编者水平所限,书中疏漏之处在所难免,请读者不吝指教,以便再版时加以修正。

编　者

2019 年 8 月

目 录

实验一　煤的自燃标志性气体测定实验

〇、实验背景知识

在煤氧化自燃过程中生成并能用来预报煤炭自然发火程度的气体称为煤的自燃标志性气体。煤的自然发火包括三个不同的发展阶段:缓慢氧化阶段、加速氧化阶段和剧烈氧化阶段。在不同的氧化阶段,煤自燃氧化产生的气体种类及对应浓度也不同,其主要成分有 CO、CO_2、CH_4、C_2H_6、C_3H_8、C_2H_4、C_2H_2,这些气体逸出的时间、浓度、种类与煤炭种类、地质条件、温度、氧气浓度等条件相关。通过实验优选适合的标志性气体为煤炭自燃火灾早期预报提供了必要的前提条件,对推测巷道及工作面中的煤炭自燃状况和对井下煤炭自燃造成的安全事故进行预警具有重要的意义。

一、实验目的

(1)掌握煤炭自燃过程中气体的释放规律。

(2)了解煤自燃标志性气体测定仪的工作原理和基本构造。

(3)掌握煤自燃标志性气体的测试方法和步骤。

(4)学会分析实验结果和数据。

二、实验试剂、材料及仪器

(一)试剂与材料

(1)干空气。

(2)载气。氢气或氩气做载气时,其体积分数均不低于 99.99%。

(3)标准气体。分析需要的标准气体应采用国家二级标准物质,或按 GB/T 5274.1—2018 制备。

当分析气样中 CO、CO_2、CH_4、C_2H_6、C_3H_8、C_2H_4、C_2H_2、$N-C_4$ 和 $I-C_4$ 浓度(摩尔分数)均不大于 5 000 ppm(1 ppm$=10^{-6}$,全书同)时,标准气体中的 CO_2、CH_4 浓度(摩尔分数)应在 300～500 ppm 之间,O_2 浓度(摩尔分数)应在 16%～19% 之间,其余 CO、C_2H_6、C_3H_8、C_2H_4、C_2H_2、$N-C_4$ 和 $I-C_4$ 浓度(摩尔分数)应在 20～50 ppm 之间。

当分析气样中 CO、CO_2、CH_4 浓度(摩尔分数)大于 5 000 ppm 时,标准气体中的相应组分的浓度(摩尔分数)不大于样品中相应组分浓度的 2 倍,同时应不小于相应组分浓度的 50%。

(二)仪器

(1)煤自燃标志性气体测定仪,其系统组成如图 1-1 所示。

(2)分析天平,分度值为 0.1 mg。

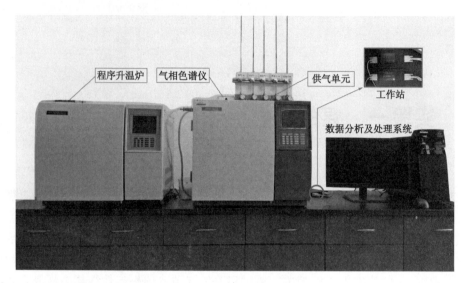

图 1-1 煤自燃标志性气体测定仪

（3）煤样罐。

三、测试原理

煤样在规定的实验条件下程序升温,自动取样装置循环采取煤样罐内的气样,送入色谱仪进行分析,并记录和存储数据。

煤自燃标志性气体测定仪由干空气瓶、程序升温炉、数据采集工作站和气相色谱仪等部分组成。

四、实验操作

（一）装样及开机操作

（1）打开载气和空气钢瓶总阀,将其减压阀压力分别调至 0.2～0.3 MPa、0.5～0.6 MPa。

（2）打开气相色谱仪电源开关,依次点击控制面板下方的 色谱参数 → 送数 (每设置完一个参数点击一次送数)→ 色谱运行 ,气相色谱仪开始升温,其各参数设置如表 1-1 所列,气相色谱仪控制面板图如图 1-2 所示。

表 1-1 气相色谱仪控制面板各参数设置

参数名称	柱室	氢焰	热导	热导桥流	转化炉
参数设置	60 ℃	160 ℃	100 ℃	100 mA	360 ℃

（3）待气相色谱仪运行温度稳定后,用打火枪点燃气相色谱仪上方的氢焰 1 和氢焰 2,注意观察基线情况。

（4）称取粒度小于 0.15 mm 的分析煤样 1.0 g,装入煤样罐中,在煤样罐口铺设一层厚度适宜的石棉,石棉应低于煤样罐出气口,防止煤粉堵塞出气管路。

（5）将进气管、出气管分别连接到煤样罐的对应位置,拧紧螺帽和煤样罐盖。

（6）分别将铂电阻两端接入左侧炉壁的陶瓷连接孔中。

图 1-2　气相色谱仪控制面板图

（7）打开测试炉电源，依次点击 测试炉参数 → 送数 （一次送数）→ 测试炉恒温 ，测试炉参数设置如表 1-2 所列。

点击"测试炉程升"，测试炉将按预先设定的不同升温速率开始程序升温。

表 1-2　　　　　　　　　　　　测试炉控制面板各参数设置

参数名称	初始炉温	室温～100 ℃	100～200 ℃	200～350 ℃	供气流量
参数设置	40 ℃	升率 1：0.50 ℃/min	升率 2：1.0 ℃/min	升率 3：2.0 ℃/min	100 mL/min

（二）标样参数设置及进样分析

因煤自燃气体涉及 O_2、N_2、CO、CO_2、CH_4 及其他各类烷烃、烯烃、炔烃共 9 种气体组分，气相色谱仪需要不同的三通道来共同完成分析过程。通道 1 用于分析 C_1～C_3 的烷烃、烯烃和部分炔烃组分，通道 2 分析 CO、CO_2 等轻质气体，通道 3 为氧、氮分析。三通道的样品名的建立方法相同。现以通道 1 建立样品名为例，其余两通道依此设置。

（1）新建样品向导一：给定样品名，设定样品属性。选择菜单"样品设置"，勾选"标样"，弹出新建样品名参数设置对话框。其操作界面如图 1-3 所示。

图 1-3　样品参数设置操作界面

点击"样品名"右侧的"新建"功能按钮即进入样品操作向导，输入样品名称，并在"分析时长"栏输入待测样品预计分析时间，点击"下一步"。

（2）新建样品向导二：选定或新建方法。用鼠标选定已经存在的"面积外标法"，点击"下一步"，如图 1-4 所示。

（3）新建样品向导三：设定样品的常规信息。在图 1-5 对话框中"样品类型"选择"标

图 1-4　样品新建方法图

样","组分浓度单位"选择"ppm"(应根据实际样品浓度单位进行选择),点击"下一步"跳过,如图 1-5 所示。

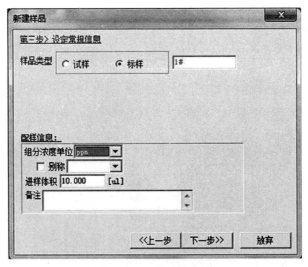

图 1-5　样品常规信息设定

(4) 新建样品向导四:输入标样组分浓度。按照实际标准物质含量输入各组分浓度,点击"下一步"即可完成标样各参数信息的设定,如图 1-6 所示。

(5) 新建样品向导五:完成样品新建。点击"完成",可以完成样品的新建,也可点击"上一步"回去修改刚刚设定的样品信息,如图 1-7 所示。

(6) 新建样品向导六:新建仪器条件。根据需要将测试样品时的仪器条件输入相关栏目,如图 1-8 所示,点击"确定"即可完成仪器条件的设定。

(7) 采集谱图数据。待各通道基线稳定后,将标准气瓶减压阀出口用橡胶管与气相色谱仪的六通阀进口连接起来,打开标准气瓶总阀,调节减压阀流量为 100 mL/min。气流稳

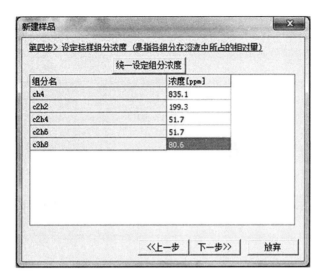

图 1-6 样品组分浓度设定

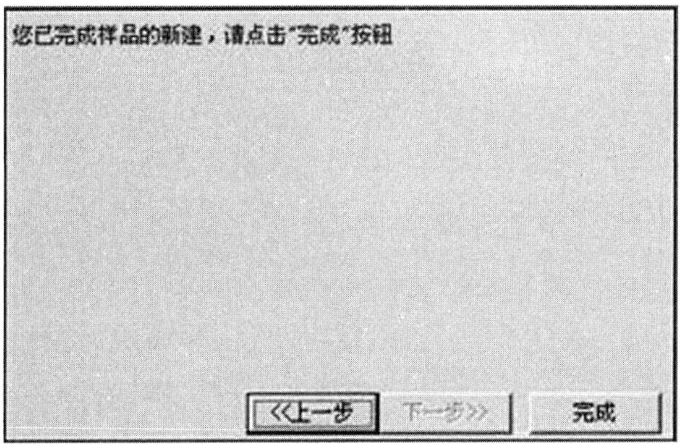

图 1-7 样品新建完成对话框

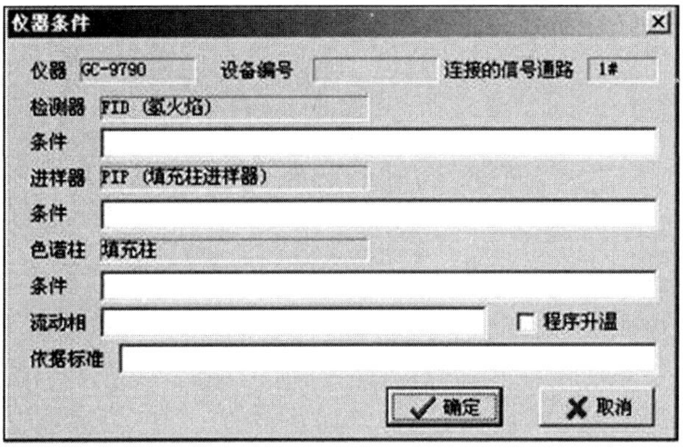

图 1-8 仪器条件设定对话框

定后,点击工具栏的"开始"按钮,启动采样。谱图采集完毕,点击软件三通道的各组分表,根据保留时间键入组分名、浓度、保存方法,点击"确定"。

以通道1标准气谱图为例,其界面如图1-9所示。

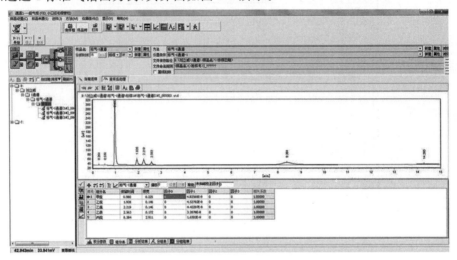

图1-9　通道1标准气谱图示例

(三) 试样参数设置及进样分析

(1)勾选图1-10"样品设置"菜单栏的"试样"选项,并点击"样品名"右侧的"新建"按钮,输入样品名称等相关信息,点击"下一步",选择上述已建好的标准方法(面积外标法)并进行常规信息设定,如图1-11和图1-12所示。

图1-10　试样参数设置

(2)在常规信息设定对话框,选择"试样",点击"下一步"即可完成试样参数的设定。

(3)待煤样罐温度升到40 ℃并稳定后,将测试炉气体出口与气相色谱仪进口用胶管连接后按下控制面板上的 进样1 按钮,系统开始采集煤样罐40 ℃时的出口气样组分浓度。

(4)进样完毕,按下 测试炉程升 ,测试炉开始程序升温。100 ℃以内每隔10 ℃采集一次气体浓度,后期因炉温升温较快可按进样时间采集气样(建议每隔15 min采样一次)。

(5)根据每次采集的谱图数据记录煤样不同温度下的气体产物及浓度,并输入分析结果。

(6)当煤样温度达到300 ℃时停止测试,依次关闭桥流→气相色谱仪电源→载气→空气钢瓶总阀。

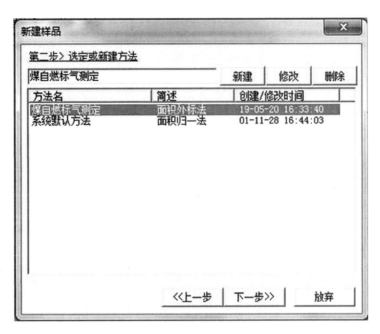

图 1-11　选择方法

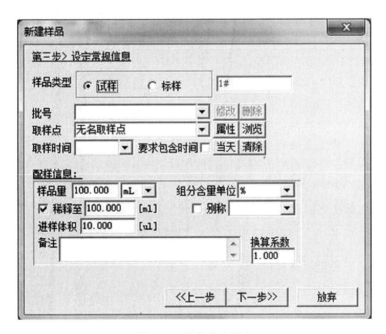

图 1-12　常规信息设定

五、注意事项

（1）安装煤样罐后应先检查气路的气密性以防漏气。

（2）应待基线稳定后再行采样,否则影响数据的准确性。

六、数据记录与处理

实验数据的记录如表 1-3 所列。

表 1-3　　　　　　　　　　　煤样自燃测试进程中各组分浓度记录表

温度/℃	O_2	N_2	CO	CO_2	CH_4	C_2H_2	C_2H_4	C_2H_6	C_3H_8
	%	%	ppm	ppm	ppm	ppm	ppm	ppm	ppm

根据表 1-3 计算如下指标：

(1) 标志性气体产生的临界温度；

(2) 链烷比及其峰值温度；

(3) 烯烷比及其峰值温度；

(4) 各氧化阶段的特征温度范围及标志性气体；

(5) 选择出实验煤样的标志性气体。

七、标志性气体优选原则

(1) CO、C_2H_4 和 C_2H_2 在一定程度上反映了煤自然发火的缓慢氧化、加速氧化和激烈氧化的三个阶段，因此进行标志性气体优选时，应优先考察这三种标志性气体及其指标的适用性。

(2) 当煤层赋存的瓦斯中含有较高量的重烃组分时，应用链烷比和烯烷比时应考虑重烃释放时间的影响，并考察其适用性。

(3) 低变质程度的褐煤、长焰煤、气煤和肥煤，应优先考虑烯烃、烯烷比标志性气体及其指标。

(4) 中变质程度的焦煤、瘦煤及贫煤，应优先考虑 CO、烯烃、烯烷比标志性气体及其指标。而高变质程度的无烟煤，应优先考虑 CO 及其派生指标。

实验二　煤自燃倾向性色谱吸氧鉴定实验

○、实验背景知识

煤自燃作为矿井最严重的灾害之一，一直以来严重威胁着煤矿的安全生产。煤的自燃十分复杂，它不仅与煤的煤化程度、煤岩显微组分的分布有关，还与煤炭中硫铁矿的含量以及煤堆周围的大气温度、湿度、阳光照射等多种因素有关。煤自燃的根本原因是被空气中的氧气氧化生成可燃物 CO、CH_4 及其他烷烃物质，并放出热量，若该热量不能及时散发，则会导致煤温升高，而煤温升高又加速煤的氧化，放出更多的可燃物和热量，当温度达到一定值时，这些可燃物就会燃烧而引起煤自燃。要研究煤的自燃规律首先要研究煤的内在自燃性，目前定义煤的内在自燃性采用的技术术语是煤的自燃倾向性，即煤自燃难易程度的本质属性。我国现行的测定煤炭自燃倾向性的方法为流态色谱吸氧法，即采用色谱分析技术，根据每克干燥煤样在一定条件下吸氧量的高低来划分煤的自燃倾向性等级。

一、实验目的

（1）了解我国煤自燃倾向性测试原理。

（2）掌握煤自燃倾向性色谱测试步骤、吸氧鉴定方法、分类指标与分类等级。

二、实验仪器和材料

（一）ZRJ-1 型煤自燃性测定仪

ZRJ-1 型煤自燃性测定仪可以设定样品管所在温度控制箱体的环境温度，可以控制吸附时间，并能够通过检测气流流过热导时气流导热率的变化量来计算出从样品管内脱附的氧气量。ZRJ-1 型煤自燃性测定仪如图 2-1 所示。

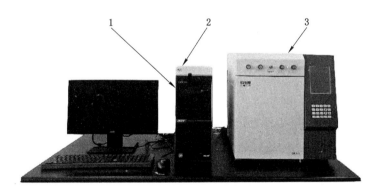

图 2-1　ZRJ-1 型煤自燃性测定仪

1——数据处理系统；2——工作站；3——煤自燃倾向性测定仪主机

（二）其他仪器、材料

仪器：电子天平，玻璃棉，秒表，扳手。

材料：氧气和氮气，要求纯度均为99.99%以上。

三、实验原理

目前我国采用的是动态物理吸附氧气的方法来鉴定煤的自燃倾向性，即色谱吸氧鉴定法，其测试原理是以煤在低温常压下对氧气的吸附属于单分子物理吸附状态为理论基础，按朗缪尔（Langmuir）单分子吸附方程，用双气路流动色谱法测定煤吸附流态氧的特性，以煤在限定条件下，测定其吸氧量，以吸氧量作为煤自燃倾向性分类主指标。该测试仪器的系统原理图如图2-2所示。

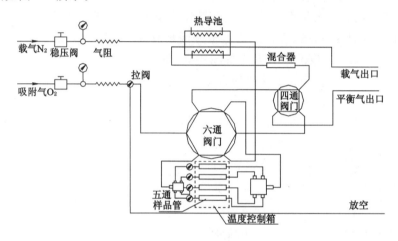

图 2-2　色谱吸氧检测仪系统原理图

该仪器的气路由氮气气路和氧气气路组成，在对样品进行干燥以及对吸附了氧气的样品管和煤样进行脱附时，氮气通过样品管；在对样品及其样品管进行吸附氧气操作时，氧气通过样品管。吸附与脱附转换是由六通阀来实现的。样品管为钢质材料，易于使样品管内的煤样温度与环境温度保持一致。

四、分类标准

《煤自燃倾向性色谱吸氧鉴定法》（GB/T 20104—2006）规定，以每克干煤在常温（30 ℃）、常压（101 325 Pa）下的吸附氧量作为分类的主指标，并综合考虑煤种及含硫量等因素来分析煤的自燃倾向性等级。其自燃倾向性分类如表2-1和表2-2所列。

表 2-1　　　　　　　煤样干燥无灰基挥发分 $V_{daf} > 18\%$ 时自燃倾向性分类

自燃倾向性等级	自燃倾向性	煤的吸氧量 $V_d/(cm^3/g)$
Ⅰ类	容易自燃	$V_d > 0.70$
Ⅱ类	自燃	$0.40 < V_d \leqslant 0.70$
Ⅲ类	不易自燃	$V_d \leqslant 0.40$

表 2-2　　　　　　　　　煤样干燥无灰基挥发分 $V_{daf} \leqslant 18\%$ 时自燃倾向性分类

自燃倾向性等级	自燃倾向性	煤的吸氧量 V_d/(cm³/g)	全硫 S_Q/%
Ⅰ类	容易自燃	$V_d \geqslant 1.00$	$S_Q \geqslant 2.00$
Ⅱ类	自燃	$V_d < 1.00$	
Ⅲ类	不易自燃		$S_Q < 2.00$

五、实验步骤

（一）煤样称取和安装

在四支样品管内分别装入(1.00±0.01) g(称准至 0.000 2 g)的分析煤样,并将样品管的两直管端塞以少许清洁的玻璃棉后分别安装在仪器相应的连接处。

注意:煤样应放在样品管的腹部,不要使煤样堵塞样品管和两端直管!

（二）煤样水分处理

(1) 样品管连接好以后,通载气(N₂),将六通阀置于【脱附】位置,分别调节并测定各路流速为 30～40 cm³/min,稳定 10 min。

(2) 设定参数,打开四路开关,通电,启动仪器。各项参数设定如下:

【柱箱】:105 ℃,【热导】:25 ℃,【衰减】:"1",【桥温】:不设。

(3) 待【柱箱】温度稳定后,保持恒温 105 ℃ 1.5～2.0 h。

(4) 处理煤样水分结束后应将柱箱温度重新设置为 30 ℃,即将柱箱温度从处理煤样时的 105 ℃降至测定煤吸氧量时的柱箱温度。同时将【热导】、【桥温】设置为测定吸氧量时选定的设定值。

(5) 各项温度稳定后,关闭非测定的三路,开始测定某路煤样的吸氧量。

（三）煤样吸氧量测定

分别测定四路煤样的吸氧量。下面以测定第一路(其他三路开关阀关闭)煤样的操作步骤作介绍。

1. 实管峰面积测定

(1) 将六通阀置于【脱附】位置,关闭 2、3、4 路,用稳压阀分别调节氮气和氧气流速,用皂膜流量计分别测定 N₂ 流量为(30±0.5) cm³/min,O₂ 流量为(20±0.5) cm³/min,调基线至合格。

(2) 将六通阀置于【吸附】位置,吸附 20 min 后,将六通阀置于【脱附】位置,同时启动"A 通道"开始走基线→绘制谱图→结束"A 通道",所得到的峰面积即为测定的实管峰面积(S_1)。

(3) 确定名称后,存储实管峰面积。

2. 空管峰面积测定

(1) 将六通阀置于【吸附】位置,取下样品管,取出样品管内的玻璃棉,倒净煤样,将样品管安装至原位,同时将六通阀置于【脱附】位置;在液晶屏上读取通过空管时载气(N₂)和吸附气(O₂)的流速(注意:在不调节稳压阀的情况下,应与实管时的流速基本相同)。

(2) 将六通阀置于【吸附】位置,吸附 5 min 后,再将六通阀置于【脱附】位置,同时启动"A 通道"开始走基线→绘制谱图→结束"A 通道",所得到的峰面积即为测定的空管峰面积(S_2)。

(3) 确定名称后,存储空管峰面积。

3. 煤吸氧量计算

(1) 计算方法。煤的吸附量计算采用仪器常数法,其计算式为:

$$V_{\mathrm{d}} = K \cdot K_1 \cdot R_{\mathrm{c1}} \left\{ S_1 - \left[\frac{a_1 R_{\mathrm{c1}}}{a_2 R_{\mathrm{c2}}} \times S_2 \left(1 - \frac{G}{d_{\mathrm{TRD}} \cdot V_{\mathrm{s}}} \right) \right] \right\} \times \frac{1}{(1 - W_{\mathrm{d}}) \times G} \tag{2-1}$$

式中　V_{d} ——吸氧量,$\mathrm{cm^3/g}$;

K ——仪器常数,$\mathrm{min/(mV \cdot s)}$;

K_1 ——仪器校正因子;

R_{c1} ——实管载气流量,$\mathrm{cm^3/min}$;

R_{c2} ——空管载气流量,$\mathrm{cm^3/min}$;

a_1 ——实管时氧气的分压与大气压之比,此处设为 1;

a_2 ——空管时氧气的分压与大气压之比,此处设为 1;

S_1 ——实管脱附峰面积,$\mathrm{mV \cdot s}$;

S_2 ——空管脱附峰面积,$\mathrm{mV \cdot s}$;

G ——煤样质量,g;

d_{TRD} ——煤的真相对密度;

V_{s} ——样品管体积(标准态),$\mathrm{cm^3}$;

W_{d} ——煤样的水分,%。

仪器常数的计算:利用热导检测器检测氮气流中的氧气浓度时,所得到的色谱峰面积、氧含量和测定时载气流速之间的函数关系为:

$$K = \frac{a V_{\mathrm{s}}}{S_0 \cdot R_{\mathrm{c}}} \times \frac{273 p_0}{1.013\ 3 \times 10^5 T} \tag{2-2}$$

式中　K——仪器常数,$\mathrm{min/(mV \cdot s)}$;

a——氧气分压与大气压之比;

V_{s}——样品管体积,$\mathrm{cm^3}$;

S_0——与样品管体积 V_{s} 相对应的平均峰面积,$\mathrm{mV \cdot s}$;

R_{c}——载气流速,$\mathrm{cm^3/min}$;

p_0——实验条件下大气压,Pa;

T——实验条件下的温度(即柱箱温度),K。

从求仪器常数的公式看,仪器常数 K 与温度 T 有关,但是当 T 在常温附近增加时,脱附峰面积 S_0 相应降低,因此 K 与温度关系不是很大。在不同环境温度下实验得到的仪器常数非常接近,因此在后面的计算中将 30 ℃环境温度下的 K 值作为计算值。

(2) 吸氧量计算:

① 打开工作站【扩展功能】→点击【煤自燃性测定】显示。

② 在计算煤样吸氧量栏→填入各项参数→计算吸氧量→煤样类型→显示分类等级。

六、注意事项

(1) 开机时必须先通载气,后通电;停机时必须先停电,10 min 后再关闭载气,氧气可在断开电源时同时关闭。

(2) 仪器在启动状态下、操作过程中,气路中无样品管时,必须将六通阀置于吸附位置。

(3) 建议实验室环境温度保持在 15~28 ℃范围内。

七、实验数据记录及处理

将实验结果填入原始数据记录表(表 2-3),并计算煤样的吸氧量。

表 2-3　　　　　　　　　　煤自燃倾向性色谱吸氧鉴定实验数据记录表

执行标准		

工业分析

仪器编号：	仪器名称：			仪器状态：	
煤样	水分 $M_{ad}/\%$	灰分 $A_{ad}/\%$	挥发分 $V_{ad}/\%$	固定碳 $FC_{ad}/\%$	干燥无灰基 挥发分 $V_{daf}/\%$
1					
2					
平均					

真相对密度

仪器编号：	仪器名称：			仪器状态：		
煤样	m_d/g	m_1/g	m_2/g	TRD_{20}^{20}	K_t	d_t	d_{20}
1							
2							
平均							

煤的全硫

仪器编号：	仪器名称：	仪器状态：
试样质量/g		全硫/%

煤的吸氧量

仪器编号：	仪器名称：		仪器状态：
煤样	实管峰值 $S_1/(mV \cdot s)$	空管峰值 $S_2/(mV \cdot s)$	吸氧量 $V_d/(cm^3/g)$
1			
2			
平均			

自燃倾向性等级：

八、问题讨论

比较色谱吸氧法与其他查阅到的煤自燃倾向性鉴定方法，说明它们各自的优缺点。

九、实验报告要求

（1）简述实验目的和实验原理。

（2）原始实验数据及数据处理。

（3）认真回答"问题讨论"中提出的问题。

本实验的配套实验:根据我国煤自燃倾向性的分类标准,对煤自燃倾向性的鉴定实验还需测试煤的真相对密度、工业分析与全硫量。

煤的真相对密度测定实验

一、实验目的

了解煤的真相对密度测定原理,掌握真相对密度的测定及计算方法。

二、实验原理

煤的真相对密度是指 20 ℃时煤(不包括煤的孔隙)的质量与同体积水的质量之比。本测试方法以十二烷基硫酸钠溶液为浸润剂,使煤样在密度瓶中润湿沉降并排除吸附的气体,根据煤样排出的同体积的水的质量算出煤的真相对密度。

三、实验设备

(1) 分析天平:感量 0.000 1 g。

(2) 恒温水浴:控温范围 10~35 ℃,控温精度±0.5 ℃。

(3) 密度瓶:带磨口毛细管塞,容量 50 mL,如图 2-3 所示。

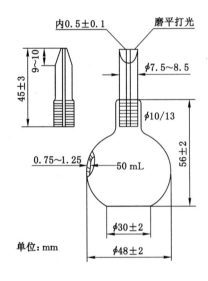

图 2-3　密度瓶示意图

(4) 刻度移液管:容量 10 mL。

(5) 水银温度计:0~50 ℃,最小分度 0.2 ℃。

四、试剂和材料

十二烷基硫酸钠溶液:化学纯,20 g/L。称取十二烷基硫酸钠 20 g 溶于水中,并用水稀释至 1 L。

五、实验步骤

(1) 准确称取粒度小于 0.2 mm 空气干燥煤样 2 g(称准到 0.000 2 g),通过无颈漏斗全部移入密度瓶中。

（2）用移液管向密度瓶中注入十二烷基硫酸钠溶液（以下简称浸润剂）3 mL，并将瓶颈上附着的煤粒冲入瓶中，轻轻转动密度瓶，放置 15 min 使煤样浸透，然后沿瓶壁加入约 25 mL 蒸馏水。

（3）将密度瓶移到沸水浴中加热 20 min，以排除吸附的气体。

（4）取出密度瓶，加入新煮沸过的蒸馏水至水面低于瓶口约 1 cm 处并冷却至室温。然后于（20±0.5）℃的恒温器中保温 1 h（若在室温条件下测定，需将密度瓶在室温下放置 3 h 以上，最好过夜，并记下室温温度）。

（5）用吸管沿瓶颈滴加新煮沸过的并冷却到 20 ℃的蒸馏水至瓶口（若在室温条件下测定，需加入与室温相同的蒸馏水至瓶口），盖上瓶塞，使过剩的水从瓶塞上的毛细管溢出（这时瓶口和毛细管内不得有气泡存在，否则应重新加水、盖塞）。

（6）迅速擦干密度瓶，立即称出密度瓶加煤、浸润剂和水的质量 m_1。

（7）空白值的测定：按上述方法，但不加煤样，测出密度瓶加浸润剂、水的质量 m_2（在恒温条件下，应每月测定空白值一次；在室温条件下，应同时测定空白值）。同一密度瓶重复测定的差值不得超过 0.001 5 g。

六、实验结果的处理

干燥煤样的真相对密度按照下式计算：

$$\mathrm{TRD}_{20}^{20} = \frac{m_\mathrm{d}}{m_2 + m_\mathrm{d} - m_1} \tag{2-3}$$

式中　TRD_{20}^{20}——干燥煤样的真相对密度；

　　　m_d——干燥煤样质量，g；

　　　m_2——密度瓶加浸润剂和水的质量，g；

　　　m_1——密度瓶加煤样、浸润剂和水的质量，g。

干燥煤样质量按照下式计算：

$$m_\mathrm{d} = m \times \frac{100 - M_\mathrm{ad}}{100} \tag{2-4}$$

式中　m——空气干燥煤样的质量，g；

　　　M_ad——空气干燥煤样水分（按 GB/T 212—2008 规定测定）的质量分数，%。

在室温下真相对密度按下式计算：

$$\mathrm{TRD}_{20}^{20} = \frac{m_\mathrm{d}}{m_2 + m_\mathrm{d} - m_1} \times K_t \tag{2-5}$$

式中　K_t——t ℃下温度校正系数，$K_t = d_t/d_{20}$，K_t 值可由表 2-4 查出；

　　　d_t——水在 t ℃时的真相对密度；

　　　d_{20}——水在 20 ℃时的真相对密度。

表 2-4　　　　　　　　　　　　校正系数 K_t 表

温度/℃	校正系数 K_t	温度/℃	校正系数 K_t
6	1.001 74	21	0.999 79
7	1.001 70	22	0.999 56

温度/℃	校正系数 K_t	温度/℃	校正系数 K_t
8	1.001 65	23	0.999 53
9	1.001 58	24	0.999 09
10	1.001 50	25	0.998 83
11	1.001 40	26	0.998 57
12	1.001 29	27	0.998 31
13	1.001 17	28	0.998 03
14	1.001 00	29	0.997 73
15	1.000 90	30	0.997 43
16	1.000 74	31	0.997 13
17	1.000 57	32	0.996 82
18	1.000 39	33	0.996 49
19	1.000 20	34	0.996 16
20	1.000 00	35	0.995 82

煤的工业分析实验

一、实验目的

了解煤的工业分析所得煤的各个指标的含义,掌握工业分析仪的操作步骤及相关指标的计算方法。

二、实验原理

煤的工业分析,又叫煤的技术分析或实用分析,是评价煤质的基本依据。在国家标准中,煤的工业分析包括煤的水分、灰分、挥发分和固定碳等指标的测定。通常煤的水分、灰分、挥发分是直接测出的,而固定碳是用差减法计算出来的。

（一）煤的水分

1. 煤中游离水和化合水

煤中水分按存在形态的不同分为两类,即游离水和化合水。游离水是以物理状态吸附在煤颗粒内部毛细管中和附着在煤颗粒表面的水分;化合水也叫结晶水,是以化合的方式同煤中矿物质结合的水,如硫酸钙($CaSO_4 \cdot 2H_2O$)和高龄土($Al_2O_3 \cdot 2SiO_2 \cdot 2H_2O$)中的结晶水。游离水在 105~110 ℃下经过 1~2 h 可蒸发掉,而结晶水通常要在 200 ℃以上才能分解析出。煤的工业分析中只测试游离水,不测试结晶水。

2. 煤的外在水分和内在水分

煤的游离水分又分为外在水分和内在水分。外在水分,是附着在煤颗粒表面的水分。外在水分很容易在常温下的干燥空气中蒸发,蒸发到煤颗粒表面的水蒸气压与空气的湿度平衡时就不再蒸发了。内在水分,是吸附在煤颗粒内部毛细孔中的水分。内在水分需在100 ℃以上的温度经过一定时间才能蒸发。当煤颗粒内部毛细孔内吸附的水分达到饱和状态时,煤的内在水分达到最高值,称为最高内在水分。最高内在水分与煤的孔隙率有关,而煤的孔隙率又与煤的煤化程度有关,所以,最高内在水分含量在相当程度上能表征煤的煤化程度,尤其能更好地区分低煤化程度煤。如年轻褐煤的最高内在水分多在 25% 以上,少数的如云南弥勒褐煤最高内在水分达 31%。最高内在水分小于 2% 的烟煤,几乎都是强黏性和高发热量的肥煤和主焦煤。无烟煤的最高内在水分比烟煤有所下降,因为无烟煤的孔隙率比烟煤增加了。

3. 煤的全水分

(1) 煤的全水分,是指煤中全部的游离水分,即煤中外在水分和内在水分之和。必须指出的是,化验室里测试煤的全水分时所测的煤的外在水分和内在水分,与上面讲的煤中不同结构状态下的外在水分和内在水分是完全不同的。化验室里所测的外在水分是指煤样在空气中并同空气湿度达到平衡时失去的水分(这时吸附在煤毛细孔中的内在水分也会相应失去一部分,其数量随当时空气湿度的降低和温度的升高而增大),这时残留在煤中的水分为内在水分。显然,化验室测试的外在水分和内在水分,除与煤中不同结构状态下的外在水分和内在水分有关外,还与测试时空气的湿度和温度有关。

(2) 煤的全水分测试方法要点见 GB/T 211—2017。

(二) 煤的灰分

煤的灰分,是指煤完全燃烧后剩下的残渣。因为这个残渣是煤中可燃物完全燃烧,煤中矿物质(除水分外所有的无机质)在煤完全燃烧过程中经过一系列分解、化合反应后的产物,所以确切地说,灰分应称为灰分产率。

1. 煤中矿物质

煤中矿物质分为内在矿物质和外在矿物质。

(1) 内在矿物质,又分为原生矿物质和次生矿物质。原生矿物质,是成煤植物本身所含的矿物质,其含量一般不超过 1%～2%;次生矿物质,是成煤过程中泥炭沼泽中的矿物质与成煤植物遗体混在一起成煤而留在煤中的,其含量一般也不高,但变化较大。内在矿物质所形成的灰分叫内在灰分。内在灰分只能用化学的方法才能将其从煤中分离出去。

(2) 外在矿物质,是在采煤和运输过程中混入煤中的顶、底板和夹石层的矸石。外在矿物质形成的灰分叫外在灰分。外在灰分可用洗、选的方法将其从煤中分离出去。

2. 煤中灰分

煤中灰分来源于矿物质。煤中矿物质燃烧后形成灰分。如黏土、石膏、碳酸盐、黄铁矿等矿物质在煤的燃烧中发生分解和化合,有一部分变成气体逸出,留下的残渣就是灰分。煤的灰分测定见 GB/T 212—2008。

(三) 煤的挥发分

煤的挥发分,即煤在一定温度下隔绝空气加热,逸出物质(气体或液体)中减掉水分后的含量。剩下的残渣叫作焦渣。因为挥发分不是煤中固有的,而是在特定温度下热解的产物,所以确切地说应称为挥发分产率。煤的挥发分测试要点见 GB/T 212—2008。

(四) 煤的固定碳

煤中去掉水分、灰分、挥发分,剩下的就是固定碳。

三、实验设备

SDTGA5000 工业分析仪、水分/灰分坩埚、挥发分坩埚、样勺、毛刷、弯头镊子。

四、实验步骤

（一）水分实验流程

（1）实验前的准备：

---

① 准备好预先灼烧至质量恒重的水分坩埚；② 准备好实验样品和预先干燥过的样勺；

③ 准备好空气泵或者氮气瓶；④ 检查控制线路和电源线路是否紧固好。

（2）启动计算机：

先开显示器，后开主机，等待系统自动进入 Windows XP 操作界面。

（3）启动测控程序：

直接双击 Windows XP 桌面上名为"SDTGA5000"图标，即可进入工业分析系统的测控环境。或者单击 Windows 的【开始】按钮，再将鼠标指向[程序]项，单击[程序]子菜单中的"SDTGA5000 工业分析仪测控软件"进入测控环境。

（4）实验设置过程：

点击【系统设置】菜单栏中的[通用设置]或者点击快捷按钮[通用设置]，即可进入系统设置窗口。

| 点击[通用选项]：在[打印选择]框内设定[不打印/报表方式/报告单方式]；在[编号方式]框内设定[手动编号/自动编号]。 | 点击[测试方法]选项栏，设定[自定义水分/经典水分Ⅰ/经典水分Ⅱ]进行实验，进行经典水分测试可以设定[恒重灼烧实验选择]和[经典方法通气]。 | 点击[高级]按钮，输入密码按"Enter"键后可以对"温度校正""系统参数"和"串口参数"进行修改。 |

实验内容设置好后，先点击[确定]，然后点击[返回]，否则更改后的内容无效。

进入主界面，找到[测试项目]点击"▼"，在此项内选择[水分]。[测试方法]框内会相应显示[自定义水分/经典水分Ⅰ/经典水分Ⅱ]。

点击【加热系统】菜单中[开始升温]子菜单,此时[炉子温度]的控温指示条闪烁,同时显示"升温"状态。

当到达恒温点后,系统显示"恒温"。点击[开始实验]快捷按钮或【煤样实验】中此菜单项。等待称样盘和燃烧盘自动复位,若在设置中选择"恒重灼烧测试",则弹出"已选择恒重灼烧测试是否完成项目设置?"对话框(否则显示"未选择恒重灼烧"等信息),点击[确定]按钮,系统进入放试样窗口。

(5)实验放样过程:

在放样窗口中通常选择[新编号]和[编号自动对应]项。将光标置于[本次数量]项内输入试样数量,一盘实验最多放 15 个试样。

当放样窗口中的参数设置好后,在称样盘上的当前位置放一个坩埚,关上放样门,点击[开始]按钮或者按键盘上的"Enter"键(也可以先点[开始],按提示放坩埚,再关上放样门)。

待自动称量坩埚后,系统提示"请加入试样"信息。

按提示和[当前样重]框内显示的数值加入试样,然后关上放样门,按"Enter"键或者主机上的红色按钮给予确定;不加试样,按红色按钮则做空白样处理。若加入的样重合适,主界面的数据栏内会显示样重大小。

加入的试样被称量后要将该样摇匀。当放完所有试样后,系统提示"全部完成,请予确认"时,关上放样门再次按主机上的红色按钮,系统进入测试状态(加入试样但未确认时,点击[重新称量]可以解决放样时的误操作;点击[结束]可以提前进行实验;点击放样窗口中"╳",待系统提示"未放置试样",点击[确定]按钮则不进入实验)。

(6)实验测试过程:

放样结束后,系统自动控制炉门开关、机械手升降及机械手左右移动来完成进样动作,此过程中提示栏显示"正在进样"信息(出样过程也与此相同)。

进完样后,系统根据所设置的水分测试方法,按预定自动对试样进行分析。在测试过程中要根据不同的煤种选择通氮气或者通空气,人工应将通气量控制在 2~3 L。

20

↓

出样前 10 min,系统自动打开保温灯。出完样后,提示栏显示"正在等待冷却"信息(测试 15 个试样没有冷却时间)。

↓

若冷却时间已到,系统自动称量试样,计算水分值,将其结果显示在主界面中的数据栏内。已被称量的试样旋转至丢样门口时,丢样机构执行丢样动作。

↓

如果在[通用选项]中已选择打印方式,显示出结果时,仪器自动联机打印;也可以点击[数据管理]快捷按钮或【数据管理】中此菜单项进行选择性的打印(详见 SDTGA5000 工业分析仪说明书 3.3.4 中的数据管理)。

↓

提示栏显示"实验结束"后,系统进入"等待"状态。

(7)退出测控环境:

↓

当不需要进行实验时,点击[退出系统]快捷键或此菜单项。系统弹出"退出系统"对话框,点击[确定],系统退出测控程序返回 Windows XP 桌面;点击[取消],则返回测控程序主界面(详见 SDTGA5000 工业分析仪说明书 3.3.2)。

(8)关闭计算机:

↓

返回到 Windows XP 桌面后,单击 Windows 的【开始】按钮,选择"关闭计算机"。

(二)挥发分实验流程

(1)实验前的准备:

① 准备好预先灼烧至质量恒重的挥发分坩埚及坩埚盖;② 准备好预先干燥过的样勺;③ 准备好实验样品;④ 检查控制线路和电源线路是否紧固好。

(2)启动计算机:

↓

先开显示器,后开主机,等待系统自动进入 Windows XP 操作界面。

(3)启动测控程序:

↓

直接双击 Windows XP 桌面上名为"SDTGA5000"图标,即可进入工业分析系统的测控环境。或者单击 Windows 的【开始】按钮,再将鼠标指向[程序]项,单击[程序]子菜单中的"SDTGA5000 工业分析仪测控软件"进入测控环境。

(4)实验设置过程:

↓

点击【系统设置】菜单栏中的[通用设置]或者点击快捷按钮[通用设置],即可进入系统设置窗口。

↓

点击[高级]按钮,输入密码按"Enter"键后可以对"温度校正""系统参数"和"串口参数"进行修改。

点击[通用选项]:在[打印选择]框内设定[不打印/报表方式/报告单方式];在[编号方式]框内设定[手动编号/自动编号]。

实验内容设置好后,先点击[确定],然后点击[返回],否则更改后的内容无效。

进入主界面,找到[测试项目]点击"▼",在此项内选择[挥发分]。

点击【加热系统】菜单中[开始升温]子菜单,此时[炉子温度]的控温指示条闪烁,同时显示"升温"状态。

当到达挥发分恒温点后,系统显示"恒温"(此时的恒温点为进样时的温度点)。点击[开始实验]快捷按钮或【煤样实验】中此菜单项。等待称样盘和燃烧盘自动复位,弹出"是否完成项目设置?"对话框时,点击[确定]按钮,系统进入放试样窗口。

（5）实验放样过程:

在放样窗口中通常选择[新编号]和[编号自动对应]项。将光标置于[本次数量]项内输入试样数量,一盘实验最多放 10 个试样。

当放样窗口中的参数设置好后,在称样盘上的当前位置放一个坩埚,关上放样门,点击[开始]按钮或者按键盘上的"Enter"键(也可以先点[开始],按提示放坩埚,再关上放样门)。

待自动称量坩埚后,系统提示"请加入试样"信息。

按提示和[当前样重]框内显示的数值加入试样,然后关上放样门,按"Enter"键或者主机上的红色按钮给予确定;不加试样,按红色按钮则做空白样处理。

当加入的试样合格后,系统提示"请盖上坩埚盖",按提示盖上坩埚盖,关上炉门。系统确认坩埚盖重,主界面的数据栏内才显示样重大小。

加入的试样被称量后要将该样摇匀。当放完所有试样后,系统提示"全部完成,请予确认"时,关上放样门再次按主机上的红色按钮,系统进入测试状态(放样时,点击[重新称量]可以解决放样时的误操作;点击[结束]可以提前进入测试;点击放样窗口中"╳",待系统提示"未放置试样",点击[确定]按钮则不进入实验)。

(6) 实验测试过程:

放样结束后,系统自动控制炉门开关、机械手升降及机械手左右移动来完成进样动作,此过程中提示栏显示"正在进样"信息(出样过程也与此相同)。

开始进样后,保温灯自动打开,同时系统按预定自动分析试样。进完所有样后,如果未做水分实验,应在数据栏内手工输入试样水分值。

出样过程中,提示栏显示"正在出样"。出完样后,提示栏显示"正在等待冷却"信息。

若冷却时间已到,系统自动称量试样,计算挥发分值,将其结果显示在主界面中的数据栏内。已被称量的试样旋转至丢样门口时,丢样机构执行丢样动作。

如果在[通用选项]中已选择打印方式,显示出结果时,仪器自动联机打印;也可以点击[数据管理]快捷按钮或【数据管理】中此菜单项进行选择性的打印(详见 SDTGA5000 工业分析仪说明书 3.3.4 中的数据管理)。

提示栏显示"实验结束"后,系统进入"等待"状态。

(7) 退出测控环境:

当不需要进行实验时,点击[退出系统]快捷键或此菜单项。系统弹出"退出系统"对话框,点击[确定],系统退出测控程序返回 Windows XP 桌面;点击[取消],则返回测控程序主界面(详见 SDTGA5000 工业分析仪说明书 3.3.2)。

（8）关闭计算机：

返回到 Windows XP 桌面后，单击 Windows 的【开始】按钮，选择"关闭计算机"。

（三）灰分实验流程

（1）实验前的准备：

① 准备好预先灼烧至质量恒重的灰分坩埚；② 准备好实验样品和预先干燥过的样勺；③ 准备好空气泵；④ 检查控制线路和电源线路是否紧固好。

（2）启动计算机：

先开显示器，后开主机，等待系统自动进入 Windows XP 操作界面。

（3）启动测控程序：

直接双击 Windows XP 桌面上名为"SDTGA5000"图标，即可进入工业分析系统的测控环境。或者单击 Windows 的【开始】按钮，再将鼠标指向［程序］项，单击［程序］子菜单中的"SDTGA5000 工业分析仪测控软件"进入测控环境。

（4）实验设置过程：

点击【系统设置】菜单栏中的［通用设置］或者点击快捷按钮［通用设置］，即可进入系统设置窗口。

点击［通用选项］：在［打印选择］框内设定［不打印/报表方式/报告单方式］；在［编号方式］框内设定［手动编号/自动编号］。

点击［高级］按钮，输入密码按"Enter"键后可以对"温度校正""系统参数"和"串口参数"进行修改。

点击［测试方法］选项栏，设定［自定义灰分或灰渣/经典快灰/经典慢灰］进行实验，进行经典灰分测试可以设定［恒重灼烧实验选择］和［经典方法通气］。

实验内容设置好后，先点击［确定］，然后点击［返回］，否则更改后的内容无效。

进入主界面，找到［测试项目］点击"▼"，在此项内选择［灰分］。［测试方法］框内会相应显示［自定义灰分或灰渣/经典快灰/经典慢灰］。

点击【加热系统】菜单中［开始升温］子菜单，此时［炉子温度］的控温指示条闪烁，同时显示"升温"状态（经典慢灰测试不需要点击［开始升温］子菜单）。

当到达设定方法所需要的温度后,点击[开始实验]快捷按钮或【煤样实验】中此菜单项。等待称样盘和燃烧盘自动复位,若在设置中已选择"恒重灼烧测试",则弹出"已选择恒重灼烧测试是否完成项目设置?"对话框(否则显示"未选择恒重灼烧"等信息),点击[确定]按钮,系统进入放试样窗口。

(5) 实验放样过程:

在放样窗口中通常选择[新编号]和[编号自动对应]项。将光标置于[本次数量]项内输入试样数量,一盘实验最多放 15 个试样。

当放样窗口中的参数设置好后,在称样盘上的当前位置放一个坩埚,关上放样门,点击[开始]按钮或者按键盘上的"Enter"键(也可以先点[开始],按提示放坩埚,再关上放样门)。

待自动称量坩埚后,系统弹出"请加入试样"对话框。

按提示和[当前样重]框内显示的数值加入试样,然后关上放样门,按"Enter"键或者主机上的红色按钮给予确定;不加试样,按红色按钮则做空白样处理。若加入的样重合适,主界面的数据栏内会显示样重大小。

加入的试样被称量后要将该样摇匀。当放完所有试样后,系统提示"全部完成,请予确认"时,关上放样门再次按主机上的红色按钮,系统进入测试状态(加入试样但未确认时,点击[重新称量]可以解决放样时的误操作;点击[结束]可以提前进行实验;点击放样窗口中"╳",待系统提示"未放置试样",点击[确定]按钮则不进入实验)。

(6) 实验测试过程:

放样结束后,系统自动控制炉门开关、机械手升降及机械手左右移动来完成进样动作,此过程中提示栏显示"正在进样"信息(出样过程也与此相同)。

进完样后,系统根据所设置的灰分测试方法,自动对试样进行分析。在测试过程中自动通压缩空气,人工应将通气量控制在 4~5 L(如果实验前未做水分测试,进完样后应在数据栏内手工输入试样水分值)。

↓

出样前 10 min,系统自动打开保温灯。出完样后,提示栏显示"正在等待冷却"信息(测试 15 个试样没有冷却时间)。

↓

若冷却时间已到,系统自动称量试样,计算灰分值,将其结果显示在主界面中的数据栏内。已被称量的试样旋转至丢样门口时,丢样机构执行丢样动作。

↓

如果在[通用选项]中已选择打印方式,显示出结果时,仪器自动联机打印;也可以点击[数据管理]快捷按钮或【数据管理】中此菜单项进行选择性的打印(详见 SDTGA5000 工业分析仪说明书 3.3.4 中的数据管理)。

↓

提示栏显示"实验结束"后,系统进入"等待"状态。

(7) 退出测控环境:

↓

当不需要进行实验时,点击[退出系统]快捷键或此菜单项。系统弹出"退出系统"对话框,点击[确定],系统退出测控程序返回 Windows XP 桌面;点击[取消],则返回测控程序主界面(详见 SDTGA5000 工业分析仪说明书 3.3.2)。

(8) 关闭计算机:

↓

返回到 Windows XP 桌面后,单击 Windows 的【开始】按钮,选择"关闭计算机"。

(四)水分-灰分连续测试实验流程

(1) 实验前的准备:

① 准备好预先灼烧至质量恒重的水/灰分坩埚;② 准备好实验样品和预先干燥过的样勺;③ 准备好空气泵、氮气瓶;④ 检查控制线路和电源线路是否紧固好。

(2) 启动计算机:

↓

先开显示器,后开主机,等待系统自动进入 Windows XP 操作界面。

(3) 启动测控程序:

↓

直接双击 Windows XP 桌面上名为"SDTGA5000"图标,即可进入工业分析系统的测控环境。或者单击 Windows 的【开始】按钮,再将鼠标指向[程序]项,单击[程序]子菜单中的"SDTGA5000 工业分析仪测控软件"进入测控环境。

(4) 实验设置过程:

↓

点击【系统设置】菜单栏中的[通用设置]或者点击快捷按钮[通用设置],即可进入系统设置窗口。

↓

点击[通用选项]:在[打印选择]框内设定[不打印/报表方式/报告单方式];在[编号方式]框内设定[手动编号/自动编号]。

点击[测试方法]选项栏,设定[自定义水分/经典水分Ⅰ/经典水分Ⅱ]和[自定义灰分或灰渣/经典快灰/经典慢灰]进行实验。经典方式连测可以设定[恒重灼烧实验选择]和[经典方法通气]。

点击[高级]按钮,输入密码按"Enter"键后可以对"温度校正""系统参数"和"串口参数"进行修改。

实验内容设置好后,先点击[确定],然后点击[返回],否则更改后的内容无效。

进入主界面,找到[测试项目]点击"▼",在此项内选择[水分-灰分]。此时[测试方法]框内会相应显示[自定义水分/经典水分Ⅰ/经典水分Ⅱ]。

点击【加热系统】菜单中[开始升温]子菜单,此时[炉子温度]的控温指示条闪烁,同时会相应显示"升温"状态。

当到达水分恒温点后,系统显示"恒温"。点击[开始实验]快捷按钮或【煤样实验】中[开始实验]菜单项,等待称样盘和燃烧盘自动复位,系统弹出"放试样窗口"。

(5) 实验放样过程:

在放样窗口中通常选择[新编号]和[编号自动对应]项。将光标移到[本次数量]项内输入试样数量,一盘实验最多放 15 个试样。

放试样操作过程详见"水分实验流程"。

(6) 实验测试过程:

放样结束后,系统自动控制炉门开关、机械手升降及机械手左右移动来完成进样动作,此过程中提示栏显示"正在进样"信息(出样过程也与此相同)。

进完样后,系统根据所设置的水分测试方法,按预定自动对试样进行分析。在测试过程中要根据不同的煤种选择通氮气或者通空气,人工应将通气量控制在 2～3 L。

出样前 10 min,系统自动打开保温灯(与恒重实验的开灯时间相同)。出完样后,提示栏显示"正在等待冷却"信息(测试 15 个试样没有冷却时间)。

若冷却时间已到,系统自动称量试样,计算水分值,将其结果显示在主界面中的数据栏内。若进行恒重实验,试样称量及计算后,系统又将试样送入炉内进行分析,直到前后两次比较的水分值符合要求为止。

水分实验结束后,系统会自动转为灰分测试,此时[测试方法]框内相应显示[自定义灰分或灰渣/经典快灰/经典慢灰],到达设定方法所需的温度后,系统自动送样、分析样、出样、等待冷却、称量及计算(灰分测试过程请详见"灰分实验流程")。若进行恒重实验,试样称量及计算后,系统又将试样送入炉内进行分析,直到前后两次比较的灰分值符合要求为止。

称量及计算后,主界面中的数据栏内显示灰分值,并与水分值对应。若试样不需要再进行分析(例如恒重测试),已被称量的试样旋转至丢样门口时,丢样机构执行丢样动作。

如果在[通用选项]中已选择打印方式,显示出结果时,仪器自动联机打印;也可以点击[数据管理]快捷按钮或【数据管理】中此菜单项进行选择性的打印(详见 SDTGA5000 工业分析仪说明书 3.3.4 中的数据管理)。

提示栏显示"实验结束"后,系统进入"等待"状态。

(7) 退出测控环境:

当不需要进行实验时,点击[退出系统]快捷键或此菜单项。系统弹出"退出系统"对话框,点击[确定],系统退出测控程序返回 Windows XP 桌面;点击[取消],则返回测控程序主界面(详见 SDTGA5000 工业分析仪说明书 3.3.2)。

(8) 关闭计算机:

返回到 Windows XP 桌面后,单击 Windows 的【开始】按钮,选择"关闭计算机"。

五、数据结果处理

干燥无灰基煤样的挥发分产率按下式计算：

$$V_{daf} = \frac{V_{ad}}{100 - M_{ad} - A_{ad}} \times 100 \tag{2-6}$$

式中　V_{daf}——干燥无灰基煤样的挥发分产率，%；

　　　V_{ad}——空气干燥煤样的挥发分产率，%；

　　　M_{ad}——分析煤样的水分含量，%；

　　　A_{ad}——空气干燥煤样的灰分产率，%。

煤的全硫量测定实验

一、实验目的

了解煤的全硫量测定原理，掌握测定步骤。

二、实验原理

煤样在催化剂作用下于空气流中燃烧分解，煤中硫生成二氧化硫并被碘化钾溶液吸收，以电解碘化钾溶液所产生的碘进行滴定，根据电解所消耗的电量计算煤中全硫的含量。

三、实验仪器及材料

SDSM-Ⅳ定硫仪、三氧化钨、电解液、电解池、瓷舟、分析天平。

四、实验步骤

(1)启动定硫仪程序，点击"复位"按钮初始化系统，待送样杆出来后，再点击"开始升温"，升温到1 150 ℃炉温自动恒温。

(2)点击"人工检测"，再点击"打开气泵"，将黄色的橡胶管放入配好的电解液瓶中，再手动夹紧电解池进气端的橡皮管，将配好的电解液吸入电解池中，再用止水夹将黄色的橡胶管加紧，然后点击"关闭气泵"。

(3)将称好的煤样的质量(一般为50 mg左右，上下不超过0.1 mg)按顺序输入程序的"样重"一栏中，输入好煤样的编号后，再点击"第一号样"，这样可以按顺序开始实验。

(4)将称好的瓷舟中的煤样，盖上一薄层的三氧化钨后，用镊子夹紧瓷舟的一端放入石英舟中，点击"煤样测试"，再点击"确定"，仪器开始自动做实验。

(5)做完实验后，将电解液放出并用棕色瓶子装好，以备下次使用，再点击"停止升温"，退出程序。

在测定煤样的含硫量之前应称取标准试样对其硫含量进行分析，若得到的结果与实际含量相差超过可接受的范围，则应对仪器进行校准。校准时，先从程序所在文件夹找到一个名为"OUTDATA"的文件(此文件只有在进样分析后才会出现)，打开后会看到两列数据，第一列表示仪器实际测定的值，第二列表示经仪器转换之后显示出来的值。将第二列显示的那个值输入校准的地方即可。

若一次不行,则进行二次校准。

五、注意事项

(1) 实验过程中,由于仪器内温度很高,取放瓷舟时一定要用镊子,以防烫伤。

(2) 实验结束后,及时将电解池中的电解液放回电解液瓶内。

实验三　煤自燃倾向性的氧化动力学测定实验

〇、实验背景知识

煤自燃是我国煤矿生产中的主要灾害之一。煤自燃不仅会烧毁大量的煤炭资源,造成巨大的经济损失,还会诱发瓦斯、煤尘爆炸,给矿井带来巨大的灾难。因此,煤自燃的防治历来受到煤矿各级管理部门的高度重视。防治煤自燃的工作首先是建立在煤自燃倾向性鉴定基础上的,而煤自燃倾向性色谱吸氧法只反映煤表面对氧的物理吸附特性,反映不出煤氧化的内在动力学特性,其测定方法与结果已受到普遍质疑。为此,相关研究学者针对煤自燃倾向性的氧化动力学测试方法及其分类指标进行了研究。研究采用自主研制的绝热氧化实验系统模拟了不同煤种的绝热氧化过程,得出绝热氧化温升曲线,计算并分析了不同煤种的温升速率、动力学参数和临界温度。研究表明,煤自燃发展是一个非线性动态过程,包括低温缓慢自热、临界点和加速氧化的明显分段特性;不同氧化阶段煤的反应动力学特性也存在较大差异,即有的煤在缓慢氧化阶段较为活泼,升温速率较大,而在较高温度下温升不快,而有的煤在低温氧化阶段较不敏感,升温速率较小,但后期温升相对较快。因此,仅以煤自燃过程中某一段的特性来衡量煤整体氧化能力的强弱是不全面的。

鉴于此,相关研究学者首次提出了以煤自燃动态发展的全过程为对象,以热自燃理论和自由基链式反应理论为基础,以多参数综合测试方法为手段的煤自燃倾向性的氧化动力学测试新思路和新方法。从热自燃理论和自由基链式反应理论出发,采用 DSC-TG 热分析技术、电子自旋共振技术分别对煤自燃不同阶段的产热速率和自由基浓度的变化规律进行了研究,并将测试结果与绝热氧化升温速率综合分析,研究表明,煤自燃的分段特性及其氧化特性的差异性是由于煤在不同氧化阶段反应机制不同造成的。在煤自燃的缓慢氧化阶段反应是一个热量逐步积聚的过程,主要体现为热自燃特性,煤氧化过程表现为煤与氧化学吸附生成不稳定的碳氧络合物和直接反应生成 CO_2、CO、H_2O 的平行反应过程,平行反应化学吸附热和反应热的不同导致升温速率的快慢;而在加速氧化阶段,反应是热与自由基共同作用的过程,温度的升高是热与自由基相互作用的结果,不同煤的热效应和自由基浓度增加与减少的速率不同导致该阶段温升特性的差异。针对煤不同阶段不同的反应机制,相关研究选取了能体现煤低温缓慢自热阶段和加速氧化阶段氧化特性的特征参数,即程序升温条件下煤样温度达到 70 ℃时煤样罐的出口氧气浓度和之后的交叉点温度作为氧化动力学测试方法的基础测试参数。在此基础上,提出了能反映煤自燃全过程特性的煤自燃倾向性的氧化动力学综合判定指数,并采用自主构建的测试系统对国内 24 个主要矿区200 多个煤样进行测试,在对测试煤样综合判定指数对比分析的基础上,提出了以该指数作为划分依据的煤自燃倾向性分类标准,即《煤自燃倾向性的氧化动力学测定方法》(AQ/T 1068—2008)。

一、实验目的

(1) 学习煤自燃倾向性测定的相关研究背景和知识,理解并掌握煤自燃倾向性的氧化动力学测定原理和方法。

(2) 学习并掌握煤自燃倾向性的氧化动力学测定实验仪器使用和操作步骤。

(3) 通过实验煤样的氧化动力学测定结果,学习并判定其自燃倾向性等级。

二、实验方法与原理

本实验的依据是:中华人民共和国安全生产行业标准《煤自燃倾向性的氧化动力学测定方法》(AQ/T 1068—2008)。

本实验的测试原理是:通过测试在程序升温条件下煤样温度达 70 ℃时,煤样罐出气口氧气浓度和之后的交叉点温度,得出煤自燃倾向性的判定指数,根据该指数对煤自燃倾向性的分类作出鉴定。

三、实验测试系统和辅助器材

(一)实验测试系统

本实验的测试系统由干空气瓶、气体预热铜管、煤样罐、控温箱、气体采集及分析系统和数据采集系统等部分组成,如图 3-1 所示。实验测试系统的工作原理如图 3-2 所示。

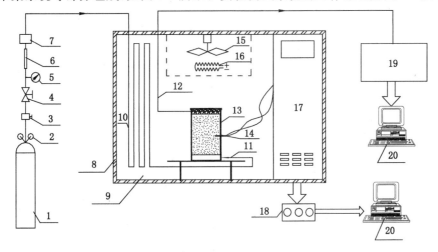

图 3-1　煤自燃倾向性氧化动力学实验测试系统

1——干空气瓶;2——减压阀;3——稳压阀;4——稳流阀;5——压力表;6——气阻;
7——流量传感器;8——隔热层;9——控温箱;10——气体预热铜管;11——进气管;
12——出气管;13——煤样罐;14——铂电阻温度传感器;15——风扇;16——加热器;
17——控制器及显示键盘;18——数据采集系统;19——气相色谱仪;20——计算机

(1) 干空气瓶。总压力满足气瓶使用规定,减压阀出口压力稳定在 0.5 MPa。

(2) 气体预热铜管。气体预热管路为纯铜材质管路,长 50 m,外径 2 mm,内径 1 mm。

(3) 控温箱。控温箱内壁为不锈钢材质,内壁和外壳之间装设有石棉保温层,能够实现恒温、程序升温两种运行方式,其可控温度范围为室温～350 ℃,控温精度为 ±0.5 ℃。可

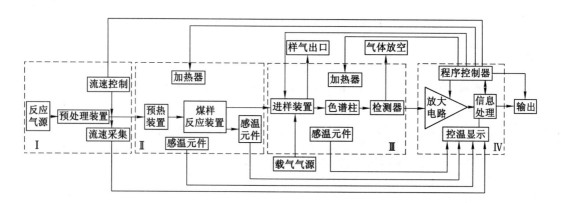

图 3-2　实验测试系统的工作原理框图

Ⅰ——气源部分；Ⅱ——反应炉部分；Ⅲ——气样分析部分；Ⅳ——显示控制面板部分

通过设定参数,对气体流量、控温方式及控温箱温度等条件进行控制。

（4）气体采集与分析系统。通过外径 2 mm、内径 1 mm 的不锈钢管将煤样温度达 70 ℃ 时的煤样罐出气口气样送入气相色谱仪进行分析。

（5）数据采集系统。该系统对煤样几何中心的温度和煤样罐所处控温箱的内部温度进行实时采集。

（6）煤样罐。煤样罐为黄铜材质圆柱体,其示意图如图 3-3 所示。

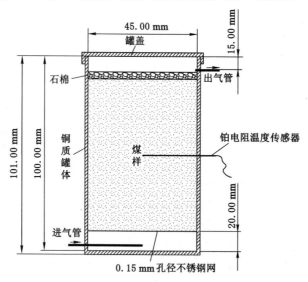

图 3-3　煤样罐示意图

（二）辅助器材

（1）煤样粉碎机。

（2）标准分析筛。

（3）天平(精度:0.1 g)。

最新型的煤自燃倾向性氧化动力学测定实验系统即煤自燃特性综合实验仪器实物如图 3-4 和图 3-5 所示。

图 3-4　仪器实物图

图 3-5　仪器炉膛腔体内部及控制面板

四、实验测试步骤

（一）测试准备

1. 煤样的采取

按 GB/T 482—2008、GB/T 19222—2003 的规定采取煤样。

2. 煤样的制备

按 GB 474—2008 制备煤样：

（1）用堆锥四分法缩分至 500～600 g，用于制备分析煤样，其余煤样密封后封存，以备存查。

（2）将煤样粉碎后筛分 0.18～0.38 mm 粒度范围，并按 GB 474—2008 空气干燥方法制成 40 ℃空气干燥煤样作为待测煤样。

（3）待测煤样在广口瓶中密封保存，并于 7 d 内完成相关参数的测定。

（4）原始煤样及分析煤样在鉴定报告完成后继续封存 6 个月。

3. 仪器检查与装样

（1）打开并运行气相色谱仪（依次点击气相色谱仪操作面板上的"色谱参数""色谱运行"，连续点击"送数"键 4 次使光标由上到下返回初始位置），打开色谱工作站软件，进入通道 3 界面，查看基线情况（基线纵坐标值需保证大于 0），操作界面分别如图 3-6 和图 3-7 所示。

（2）称量干燥好的煤样 50 g，装入煤样罐中，并在煤样罐口铺设一层厚度适宜的石棉，并保证石棉低于煤样罐出气口高度，以防止煤粉堵塞出气管路。

（3）将进气管插入煤样罐，管路出口位于煤样罐的中心部位，并拧紧螺帽，连接好出气管路，盖紧煤样盖。注意：出气管路应刚刚进入煤样罐内部即可；煤样罐密封板为硅橡胶板，要求每次实验更换。

（4）打开气瓶，保证干空气瓶压力稳定在 0.5 MPa，并检查煤样罐的进气口、出气口及煤样盖等处气密性，进行检漏。

（5）安装铂电阻，要求将铂电阻两端用夹子固定住，为保证无接触电阻，可以将铂电阻引线和连接的铜线打磨后拧紧。安装铂电阻时注意两根导线不要接触，以防短路。进一步检查铂电阻温度传感器、数据采集系统的运行状态，并对存在的问题进行调试。

（6）待色谱基线稳定后（一般基线纵坐标值应稳定在某一数值，一般为几十毫伏即可），打

图 3-6　运行气相色谱仪界面操作

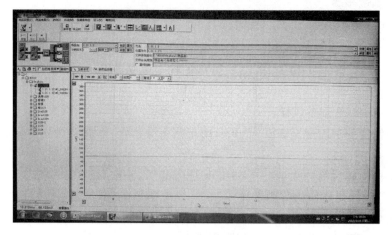

图 3-7　通道 3 基线界面

开煤自燃动力学特性测试控制软件,进行工作参数的设置。其系统参数设置界面如图 3-8 所示,包括试样名称、进样方式、测试炉温度(40 ℃)、升温速度(0.8 ℃/min)、终止温度(250 ℃)等。其中,"进样方式"选择"自动进样",煤样罐的"开始温度"均选择 70 ℃,"触发条件"选择"温度","温度间隔"两路均调到最大或大于终止温度值即可,设置完毕后系统参数设置界面和操作面板如图 3-9 和图 3-10 所示。

4.气相色谱仪的校准

应对气相色谱仪进行校准,校准应满足:连续两次标准气样的分析结果之间的差值在 ±0.02% 以内。

(二)氧气浓度和交叉点温度的测定方法和步骤

(1)通过调节控温箱顶部的空气流量压力旋钮,使气相色谱仪面板流量示数稳定为 96 mL/min(或者在程序系统状态显示界面处保持"干空气流量 1"为 96 mL/min),以此稳定流量向煤样罐通入干空气(氧气浓度为 20.96%)。空气流量压力旋钮和气相色谱仪面板流量控制界面如图3-11和图 3-12 所示。同时在系统状态显示界面处,将控温箱设定为 40 ℃,然后点击"恒温运行"(或者手动点击操作面板上"测试炉恒温")。

(2)当煤样罐温度达到 35 ℃时,迅速将通入煤样罐的干空气流量调为 8 mL/min 并保

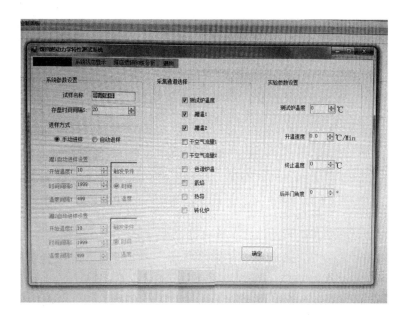

图 3-8　温控与采集模块界面

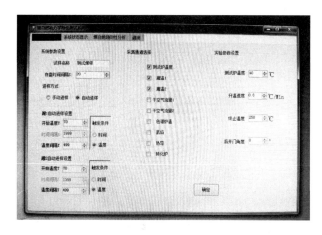

图 3-9　系统参数设置界面

图 3-10　操作面板界面

持稳定,控温箱仍保持 40 ℃恒温运行。

（3）当煤样罐温度达到 40 ℃后,点击"程序升温"功能键(也可手动点击面板上"测试炉程升")。将控温箱设定为 0.8 ℃/min 程序升温,同时开启数据采集系统对温度参数进行采集。点击"罐温 T1"可以查看温度曲线,并可在曲线显示区域通过右击鼠标将温度曲线保存于任意选定位置。

（4）当煤样温度达到 70 ℃时,自动进样(或者手动点击控制面板上"进样 1",或者点击启动系统状态显示界面"启动采样 1"),并利用气相色谱仪对煤样罐出口氧气浓度 c_{O_2} 进行测定,并记录。

（5）气相色谱仪进样完毕后,立即将通入煤样罐的干空气流量调为 96 mL/min,控温箱继续以 0.8 ℃/min 的速率程序升温。

图 3-11　空气流量压力旋钮

图 3-12　气相色谱仪面板流量控制界面

　(6) 当数据采集系统采集的煤样温度超过控温箱温度 5 ℃时停止数据采集,在保存文件夹中读取罐温与炉温的交叉点温度 T_{cpt} 值,并记录。实验煤样 1 和实验煤样 2 的交叉点温度实测结果示例分别如图 3-13 和图 3-14 所示。

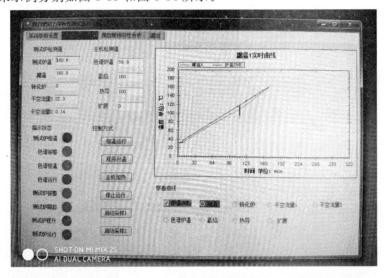

图 3-13　系统状态显示界面——交叉点温度实测结果示例(实验煤样 1)

　(7) 数据的记录与处理。实验完成后,可点击"煤自燃倾向性分析"菜单键,在煤自燃倾向性分析界面中,输入实验测定的 70 ℃氧气浓度值和交叉点温度值,点击"计算判定指数"即可查看综合判定指数和自燃倾向性等级,操作如图 3-15 所示。进一步输入报告信息后,可打印报告及结果。

　(三) 注意事项

　(1) 铂电阻温度传感器顶端应置于煤样几何中心。

　(2) 气相色谱仪热导检测器 TCD 衰减不超过 3。

　(3) 干空气瓶减压阀出口端的气压应稳定在 0.5 MPa,干空气氧气浓度为 20.96%。

　(4) 煤样温度达到 70 ℃,应及时对煤样罐出气口气样进行分析,避免延迟造成误差。

　(5) 利用气相色谱仪对煤样罐出气口气样进行分析时,每次进样的时间为(20±2) s。

　(6) 在实验操作过程中能够利用软件操作如恒温运行、程序升温和自动进样等进行的

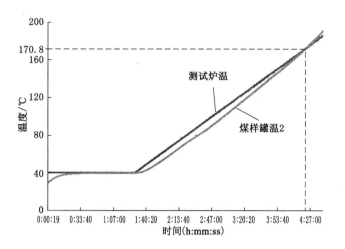

图 3-14　交叉点温度实测结果示例(实验煤样 2)

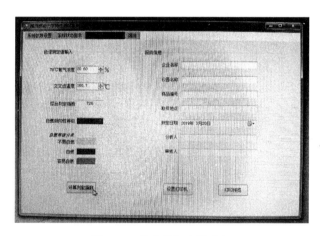

图 3-15　煤自燃倾向性分析

操作,皆可以通过点击色谱仪控制面板相应的按钮手动完成,如遇软件操作不灵敏时可采用手动操作完成。

五、实验结果的计算与分析

将测定的 c_{O_2} 和 T_{cpt} 按式(3-1)和式(3-2)求得无量纲量 $I_{c_{O_2}}$ 和 $I_{T_{cpt}}$,并代入式(3-3)得到煤自燃倾向性判定指数 I:

$$I_{c_{O_2}} = \frac{c_{O_2} - 15.5}{15.5} \times 100 \tag{3-1}$$

$$I_{T_{cpt}} = \frac{T_{cpt} - 140}{140} \times 100 \tag{3-2}$$

$$I = \phi(\varphi_{c_{O_2}} I_{c_{O_2}} + \varphi_{T_{cpt}} I_{T_{cpt}}) - 300 \tag{3-3}$$

式中　$I_{c_{O_2}}$——煤样温度达到 70 ℃时煤样罐出气口氧气浓度指数,无量纲;

c_{O_2}——煤样温度达到 70 ℃时煤样罐出气口的氧气浓度,%;

15.5——煤样罐出气口氧气浓度的计算因子,%;

$I_{T_{cpt}}$——煤在程序升温条件下交叉点温度指数,无量纲;

T_{cpt}——煤在程序升温条件下的交叉点温度,℃;

140——交叉点温度的计算因子,℃;

I——煤自燃倾向性判定指数,无量纲;

ϕ——放大因子,$\phi=40$;

$\varphi_{c_{O_2}}$——低温氧化阶段的权数,$\varphi_{c_{O_2}}=0.6$;

$\varphi_{T_{cpt}}$——加速氧化阶段的权数,$\varphi_{T_{cpt}}=0.4$;

300——修正因子。

六、煤自燃倾向性的分类及其指标

(一)煤自燃倾向性的分类

中华人民共和国安全生产行业标准《煤自燃倾向性的氧化动力学测定方法》(AQ/T 1068—2008)将煤自燃倾向性划分为容易自燃、自燃和不易自燃三类。

(二)煤自燃倾向性的分类指标值

氧化动力学测定方法是以实验测试计算得到的煤自燃倾向性判定指数 I 作为分类指标值,如表 3-1 所列。实验测定后,按表 3-1 中的分类指标对煤自燃倾向性进行分类。

表 3-1 煤自燃倾向性分类指标

自燃倾向性分类	判定指数 I
容易自燃	$I<600$
自燃	$600\leqslant I\leqslant1\,200$
不易自燃	$I>1\,200$

七、实验数据及处理

按照实验步骤分别对实验煤样进行煤自燃倾向性的氧化动力学测定实验,实验数据记录如表 3-2 所列。

表 3-2 实验数据

煤样名称	煤温 70 ℃时煤样罐出口氧气浓度/%	交叉点温度/℃	判定指数	自燃倾向性等级
实验 1# 煤				
实验 1# 煤(重复)				
实验 2# 煤				
实验 2# 煤(重复)				
⋯				
实验 n# 煤				
实验 n# 煤(重复)				

注:关于测试重复性的要求,同一个煤样的重复性实验结果要求 c_{O_2} 相差在 0.2% 以内,T_{cpt} 在 3.0 ℃ 以内。

参 考 文 献

［1］滕州市滕海分析仪器有限公司.ZRD-Ⅱ型煤自燃特性测定装置使用说明书［Z］.滕州：
滕州市滕海分析仪器有限公司,2017.

［2］王德明.煤氧化动力学理论及应用［M］.北京:科学出版社,2012.

［3］肖洋,王德明,仲晓星,等.煤自燃倾向性的氧化动力学测试装置研究［J］.工矿自动化,
2012(4):1-4.

［4］仲晓星,王德明,戚绪尧,等.煤自燃倾向性的氧化动力学测定方法研究［J］.中国矿业大
学学报,2009,38(6):789-793.

实验四　煤的坚固性系数及瓦斯放散初速度的测定实验

○、实验背景知识

煤与瓦斯突出是煤层中储存的瓦斯能和应力能的失稳释放,表现为在极短的时间内向生产空间抛出大量煤岩和瓦斯,抛出煤岩从几吨到上万吨,瓦斯从几百立方米到几百万立方米,并有可能诱发瓦斯爆炸,产生二次灾害。因此,依据《防治煤与瓦斯突出细则》,矿井有下列条件之一的,应当立即进行煤与瓦斯突出鉴定:① 有瓦斯动力现象的;② 煤层瓦斯压力达到或者超过 0.74 MPa 的;③ 相邻矿井开采的同一煤层发生突出或者被鉴定、认定为突出煤层的。

煤与瓦斯突出鉴定应当首先根据实际发生的瓦斯动力现象进行,当根据瓦斯动力现象特征不能确定为突出,或者没有发生瓦斯动力现象时,应当根据实际测定的原始煤层瓦斯压力(相对压力)P、煤的坚固性系数 f、煤的破坏类型、煤的瓦斯放散初速度 Δp 等突出危险性指标进行鉴定。全部指标均符合表 4-1 所列条件,或者钻孔施工过程中发生喷孔、顶钻等明显突出预兆的,应当鉴定为突出煤层。

表 4-1　　　　　　　　　　　　　煤层突出危险性鉴定指标

判定指标	原始煤层瓦斯压力(相对)P/MPa	煤的坚固性系数 f	煤的破坏类型	煤的瓦斯放散初速度 Δp
有突出危险的临界值及范围	$\geqslant 0.74$	$\leqslant 0.5$	Ⅲ、Ⅳ、Ⅴ	$\geqslant 10$

煤的坚固性系数 f 和瓦斯放散初速度 Δp 作为《防治煤与瓦斯突出细则》中鉴定煤与瓦斯突出的两个单项指标,其测定方法是非常重要的,因此,本实验将学习煤的坚固性系数 f 和瓦斯放散初速度 Δp 的测定方法。

一、煤的坚固性系数 f 的测定

(一)实验目的

煤的坚固性是煤样抵抗外力破坏能力的一个综合性指标,用坚固性系数 f 表示。它是衡量煤层突出与否的基本参数之一,对于判断煤层是否具有突出危险性具有重要作用。本书采用捣碎法测坚固性系数 f 值。根据雷延智 1867 年提出的脆性材料破碎时遵循的面积力能说,破碎所消耗的功(A)与破碎物料所增加的表面积成正比。当破碎功与破碎前的物料平均直径均为一定值时,可以用破碎比来表示煤的坚固性。熟悉和掌握煤的坚固性系数的测定是从事石门揭煤和矿井突出危险性鉴定工作的必备技能之一。本实验按照《防治煤与瓦斯突出

细则》、《煤与瓦斯突出矿井鉴定规范》(AQ 1024—2006)及《煤和岩石物理力学性质测定方法第 12 部分:煤的坚固性系数测定方法》(GB/T 23561.12—2010)的要求进行。

(二)仪器与设备

(1)捣碎筒,如图 4-1 所示。

(2)计量筒,如图 4-2 所示。

(3)分样筛:孔径 0.5 mm、20 mm 和 30 mm 各一个,如图 4-3 所示。

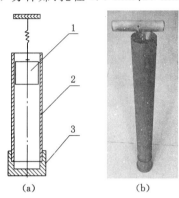

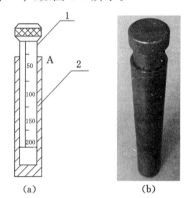

图 4-1　捣碎筒

(a)示意图;(b)实物图

1——重锤;2——筒体;3——筒底

图 4-2　计量筒

(a)示意图;(b)实物图

1——活塞尺;2——量筒

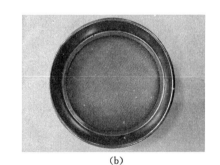

图 4-3　分样筛

(a)标准筛孔径;(b)0.5 mm 标准筛;(c)20 mm 标准筛;(d)30 mm 标准筛

（4）天平：最大称量 1 000 g，最小分度值 0.01 g。

（5）小锤、漏斗、容器。

（三）实验内容

（1）了解煤的坚固性系数的概念、测定原理及测定依据的标准和要求。

（2）熟悉煤的坚固性系数测定的方法及步骤。

（3）测定煤的坚固性系数，给出测定结果。

（四）实验步骤

1．测定前的准备

（1）在新暴露的煤层上沿煤层厚度的上、中、下部各采取块度为 100 mm 左右的煤样两块。当在地面打钻取样时，也应在沿煤层厚度上、中、下部各采取长度约 100 mm 的煤样两块。煤样采出后应及时用塑料袋或塑料纸及胶带包裹密封，使其保持自然含水状态。

（2）煤样要附有标签，注明采样地点、层位、时间等。

（3）煤样在携带、运送过程中不应摔碰，不应产生人为裂隙。

（4）把煤样用小锤碎制成块度为 20～30 mm 小块，用孔径分别为 20 mm 或 30 mm 的筛子筛选出介于 20～30 mm 的煤块。

（5）称取制备好的试样 50 g 为 1 份，每 5 份为一组，共称取 3 组。

2．测定步骤

（1）将捣碎筒放置在混凝土地板或 20 mm 厚的铁板上，放入试样 1 份，将质量为 2.4 kg 的重锤提高到 600 mm（锤底面至筒底上表面）高度，使其自由落下冲击试样，每份冲击 3 次，把 5 份捣碎后的试样装在同一容器中。

（2）把每组（5 份）捣碎后的试样一起倒入孔径 0.5 mm 分样筛中筛分，端平分样筛轻筛，筛动幅度约 200 mm 即可，筛至不再漏下煤粉为止。

（3）把筛下的粉末用漏斗装入计量筒内，轻轻敲打使其密实，然后轻轻插入具有刻度的活塞尺与筒内粉末面接触。在计量筒口相平的 A 处读数为 L（见图 4-2），即粉末在计量筒内实际测量高度，读至 mm。

（4）当 L≥ 30 mm 时，冲击次数 n 即可定为 3 次，按以上步骤继续进行其他各组的测定，将测定结果记入表 4-2 内。

（5）若 L＜30 mm 时，则该组试样作废，每份试样冲击次数 n 改为 5 次，按以上步骤进行冲击、筛分和测量，仍以每 5 份作 1 组，测得煤粉高度 L。将测定结果记入表 4-2 内。

3．数据处理及修改

煤的坚固性系数按下式计算：

$$f = \frac{20n}{L} \tag{4-1}$$

式中　f——煤的坚固性系数；

　　　n——每份试样冲击次数，次；

　　　L——每组试样筛下煤粉的计量高度，mm。

4．质量记录

平行测定 3 组（每组 5 份），取其算术平均值，计算结果取 2 位有效数字。实验报告中列出每组测定结果及 3 组的算术平均值。将测定结果填入记录表内，如表 4-2 所列。

表 4-2　　　　　　　　　　　　　　煤的坚固性系数测定记录表

送样单位：　　　　　　采样地点：　　　　采样时间：　　　　测定日期：

煤样编号	煤种类别	试样编号	冲击次数 n/次	计量筒读数 L/mm	坚固性系数 f	f 的平均值	备注

测定：　　　　　　　　　计算：　　　　　　　　校核：

二、煤的瓦斯放散初速度 Δp 的测定

（一）实验目的

煤的瓦斯放散初速度是衡量煤样向外放散瓦斯能力大小的指标之一，用 Δp 表示。它是衡量煤层突出与否的基本参数之一，对于判断煤层是否具有突出危险性具有重要作用。瓦斯放散初速度的测定原理是一定粒度的煤样在常压下吸附瓦斯平衡后，向一定体积的真空环境解吸，取其第 10 秒至第 45 秒之间的解吸量作为衡量煤样的瓦斯放散指数，该指数越大，表明实际煤层越容易突出。煤的瓦斯放散初速度 Δp 值的检测是按照《煤与瓦斯突出矿井鉴定规范》(AQ 1024—2006)及《防治煤与瓦斯突出细则》的要求进行的。

（二）仪器与设备

（1）WT-1 型瓦斯放散初速度测定仪，如图 4-4 所示。

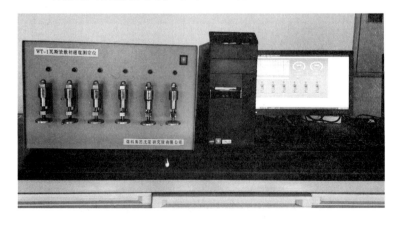

图 4-4　WT-1 型瓦斯放散初速度测定仪

（2）瓦斯袋。

（3）分样筛：孔径 0.25 mm 和 0.5 mm 各一个。

（4）托盘天平。

（三）实验内容

（1）了解煤的瓦斯放散初速度（Δp）的概念、测定原理及测定依据的标准和要求。

（2）熟悉煤的瓦斯放散初速度（Δp）测定的方法及步骤，用 WT-1 型瓦斯放散初速度测定仪来测定煤的瓦斯放散初速度（Δp）。

（四）实验步骤

1. 测定前的准备

（1）在煤层新暴露面上采取煤样 250 g，地面打钻取样时取新鲜煤芯 250 g。煤样要附有标签，注明采样地点、层位和采样时间等。

（2）把采取的煤样进行粉碎，筛分出粒度为 0.2～0.25 mm 的煤样。每一煤样取 2 个试样，每个试样 3.5 g。注意：潮湿煤样要自然晾干，除掉煤的外在水分。

2. 测定技术要求及安全措施

（1）煤样采出后应及时放入煤样罐中，或用纸包上并浸蜡封固以免风化。

（2）煤样在携带、运送过程中应注意不得摔碰。

（3）所用的瓦斯气浓度应大于 99.99%。

（4）在脱气和充气过程中，不允许关闭计算机电源或退出本系统。

（5）装完煤样后，必须在煤样上盖好一层脱脂棉，并且每次实验必须更换新的脱脂棉。

（6）非专业人员不得对仪器进行随意拆卸。

（7）仪器所配电脑应专机专用，不得随意安装游戏及其他软件。

3. 测量工序

（1）旋下仪器的煤样瓶下部的紧固螺栓，将煤样装入。为防止脱气和充气时的煤尘飞入仪器内部，必须在煤样上盖好一层脱脂棉。装上煤样瓶后先用手扶正，再旋紧紧固螺栓。

（2）开始测试时首先打开计算机电源，启动后再打开仪器电源与真空泵电源。启动 WT-1 型瓦斯放散初速度测定仪处理系统软件，系统主界面如图 4-5 所示。

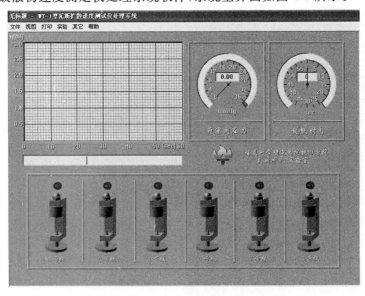

图 4-5　系统主界面

（3）选择煤样瓶图标。仪器面板上的煤样瓶和界面中的图标是一一对应的,从右向左依次为1～6号,单击图标可选择或放弃该煤样实验。

仪器面板上的煤样瓶和界面上的图标是1～6号。选中要测试的煤样瓶图标,选中和未选中时图标如图4-6所示。

（4）选择菜单项"放散速度 Δp",然后在图4-7所示的对话框中为每个要测试的煤样命名和设置保存路径。单击"下一步"后,实验全部由仪器自动完成。

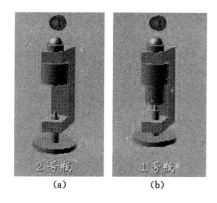

(a)　　　　　　(b)

图4-6　选择煤样瓶图标

(a) 未选中;(b) 选中

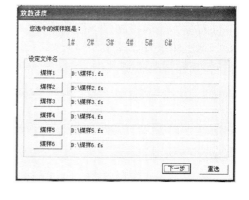

图4-7　设定文件名和煤样保存路径

脱气、漏气检测与充气的过程,分别如图4-8～图4-10所示。

图4-8　煤样脱气

图4-9　漏气检测

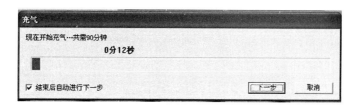

图4-10　煤样充气

在学习或调试时为节省时间可随时单击"下一步"提前结束该过程。正式实验时必须达到规定时间,否则会影响实验结果的准确性。其中"系统漏气检测"一项对话框如图4-9所示,若能正常进入下一步则说明密封较好,否则应按提示重新安装煤样罐或更换密封圈。

(5)依次对每个煤样进行一次死空间脱气和向死空间放气的过程,同时动态地显示煤样的放散速度曲线,自动保存测试结果,最后显示出来。

(6)实验结束,首先关闭仪器电源,然后一步步关闭计算机。

4．实验数据的管理

系统为每一个实验煤样的放散速度分别创建了一个以".fs"为扩展名的数据文件。煤样的放散速度曲线及计算结果都被保存起来了。为了便于管理,建议在文件存盘时起一个便于识别、具有特征的文件名,如"老虎台32"等。文件存放位置应当集中在一个或几个专门的文件夹内,并作备份,避免因计算机病毒感染、误操作等引起的文件丢失。

查看数据文件时,在菜单中选择"文件\打开",则弹出一个对话框,在"文件类型(T)"下拉列表中选择"∗.fs",单击"打开",屏幕上显示出该煤样的放散速度曲线和 Δp 的值。对话框如图4-11所示。

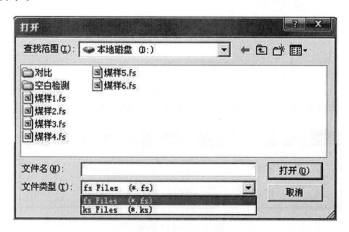

图 4-11　打开文件

实验的放散速度曲线、计算结果等可通过报表的形式打印出来。实验数据记录如表4-3所列。

表 4-3　　　　　　　　　煤的瓦斯放散初速度 Δp 值测定记录表

序号	煤样	Δp
1		
2		
3		
4		
5		
6		

参 考 文 献

[1] 煤科集团沈阳研究院有限公司.WT-1 瓦斯放散初速度测定仪说明书[Z].抚顺:煤科集团沈阳研究院有限公司,2014.

[2] 俞启香,程远平.矿井瓦斯防治[M].徐州:中国矿业大学出版社,2012.

实验五　煤的吸附常数测定实验

○、实验背景知识

煤中瓦斯的赋存状态一般有吸附状态和游离状态 2 种,通常吸附瓦斯量占 80%～90%,游离瓦斯量占 10%～20%,在吸附瓦斯量中又以煤体表面吸附的瓦斯量占多数。

在煤体中,吸附瓦斯和游离瓦斯在外界条件不变的情况下处于动态平衡状态,吸附状态的瓦斯分子和游离状态的瓦斯分子处于不断的交换中;当外界的瓦斯压力和温度发生变化或给予冲击和振荡影响了分子的能量时,则会破坏其动态平衡,而产生新的平衡状态。

吸附是一种界面现象,是物理吸附、化学吸附和吸收的总称。而煤对瓦斯的吸附属于物理吸附,在煤孔隙的表面,即在瓦斯-煤界面处,瓦斯浓度较其他地点高。物理吸附时,固体表面和气体之间无特殊的相互作用,吸附力即为范德瓦耳斯力,吸附量主要取决于压力、温度和表面积的大小。物理吸附与气体液化、水蒸气凝结相似,都是可逆的。煤层吸附瓦斯时放出的吸附热较小,一般认为每吸附 1 mol 分子量瓦斯放出 10～20 kJ 的热量,这与气体液化时放出的热量相似。化学吸附时,在固体表面上固体分子与气体分子之间形成化学键,即在它们之间有电子传递。化学吸附与物理吸附最主要的区别在于:化学吸附是不可逆的,化学吸附的吸附热类似于化学反应的热效应,一般比物理吸附热大 10 倍到几十倍。实验室对煤吸附瓦斯的大量实验表明,煤吸附瓦斯是可逆过程,煤吸附的瓦斯量和脱附时解吸的瓦斯量基本相同,实验测出的吸附热为 12.6～20.9 kJ/mol,近似于甲烷液化放出的热量。

煤中除了表面吸附瓦斯外,还存在吸收状态的瓦斯。所谓吸收是指瓦斯分子更深入地进入煤的微孔中,进入煤分子晶格中,形成固溶体状态。吸收与吸附的宏观差别仅在于前者的平衡时间较长,吸收时吸附体的膨胀变形量较大。煤对瓦斯的吸附和吸收是不易区分的,在矿井瓦斯研究中,一般把吸收和吸附归为一类。

煤的吸附性通常用煤的吸附等温线表示。吸附等温线是指在某一固定温度下,煤的吸附瓦斯量随瓦斯压力变化的曲线。国内外大量的实验表明,煤吸附瓦斯时,吸附等温线符合朗缪尔方程:

$$X = \frac{abp}{1+bp}$$

式中　X——在某一温度下,吸附平衡瓦斯压力为 p 时,单位质量可燃基(除去水分和灰分)
　　　　　　吸附的瓦斯量,m^3/t;

　　　　p——吸附平衡时的瓦斯压力,MPa;

　　　　a——吸附常数,标志可燃基的极限吸附瓦斯量,即在某一温度下当瓦斯压力趋近于
　　　　　　无穷大时的最大吸附瓦斯量,m^3/t;

　　　　b——吸附常数,MPa^{-1}。

　　煤吸附瓦斯的普遍规律是:随着瓦斯压力的升高,煤吸附的瓦斯量增大,但增长率逐渐变小;当瓦斯压力无限增大时,煤的吸附瓦斯量趋于某一极限值。

　　根据我国各矿区不同煤层的吸附常数汇总,得出吸附常数在宽广范围内变化,吸附常数 a 的变化范围一般为 $13\sim60\ \mathrm{m^3/t}$,吸附常数 b 的变化范围一般为 $0.4\sim2.0\ \mathrm{MPa^{-1}}$。本实验项目将学习如何测定吸附常数。

一、实验目的

　　(1)了解煤吸附瓦斯的特点,掌握瓦斯吸附常数的测定原理。

　　(2)掌握瓦斯吸附常数的测定方法,学会独立测定瓦斯吸附常数。

二、实验仪器介绍

　　本实验主要使用的是 HCA-2 型高压容量法瓦斯吸附装置。该装置主要用于煤矿瓦斯参数测定过程中测定煤对瓦斯的吸附常数(a,b 值),进而可利用井下实际测定的瓦斯压力或瓦斯含量,计算煤层吨煤瓦斯含量或瓦斯压力。该装置采用高精度传感器,计算机全自动控制充气阀门和操作程序,测量过程和结果符合《煤的甲烷吸附量测定方法(高压容量法)》(MT/T 752—1997)标准,是一种可自动存储、打印测量结果和吸附等温线的智能化测定仪。

　　HCA-2 型高压容量法瓦斯吸附装置主要由计算机、仪器主机、真空泵及附属电缆、管件等组成,由仪器主机内的传感器将压力、温度转变成电压信号传送给计算机内的数据采集卡,然后由计算机软件进行计算、分析和存储,并对整个过程进行监控。该实验设备的硬件和软件系统介绍如下。

　　(一)硬件

　　HCA-2 型高压容量法瓦斯吸附装置硬件主要由主机部分以及操作台部分、真空泵及附属电缆、管件等组成,设备主体为一体机设计,如图 5-1 所示。

　　(二)软件

　　实验系统的软件的主界面及各控件的功能如图 5-2 所示。工具栏如图 5-3 所示。

　　具体各部分控件功能说明如下:

　　(1)压力表控件:显示仪器充气罐、吸附罐 1、吸附罐 2 内表压力。

　　(2)指示灯控件:显示各阀门的开、关状态,灯亮为开,反之为关。

　　(3)吸附量—压力曲线显示窗口:显示两个煤样在不同压力下的吸附量值所构成的折线图。

　　(4)压力—时间曲线显示窗口:显示两个吸附罐内压力随时间的变化曲线。

　　(5)温度控件:煤样罐水浴温度及室内温度显示控件。该控件显示了水浴温度及室内温度、加热器的工作状态及脱气、测试时水浴温度的设定值。灯亮意味着加热器和搅拌电机的启动。

　　(6)提示栏:显示仪器当前状态。

　　(7)工具栏:通过点击工具栏可实现各种功能。

　　工具栏各控件功能如下:

　　　　打开文件。

　　　　输入工业分析数据用于打印和永久存储。

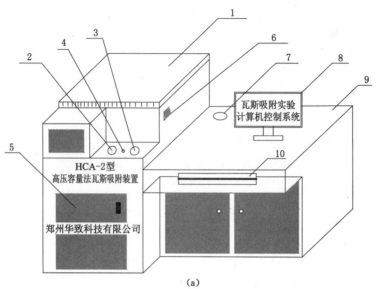

图 5-1　HCA-2 型高压容量法瓦斯吸附装置

(a) 实验设备示意图；(b) 实验设备实物图

1——主机箱体；2——一号罐体；3——二号罐体；4——加水口；5——电脑主机箱；

6——设备开关；7——气瓶夹持孔；8——显示器及控制软件；9——工作台；10——键盘盒

打印预览。

打印报告。

开始实验。

时间设定，点击后出现的对话框如图 5-4 所示。

仪器默认的时间设定为：脱气为 240 min；脱气完成或平衡结束前 30 s 时声光报警；共测定 7 个点的数据，第 1～2 点每点需 420 min，第 3～7 点每点需 240 min。在调试仪器或

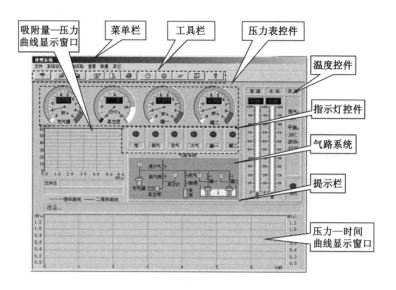

图 5-2　测定前程序主界面

图 5-3　工具栏

其他情况下可以修改这些时间设置,最后单击"确认"。该修改过程在实验开始前后任何时间均可进行,并对此后的实验过程有效。

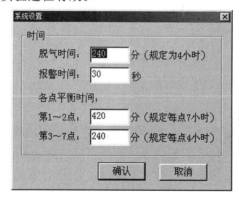

图 5-4　时间设定对话框

临时存盘,实验过程没有完成前被中断时,可把已做完的数据保存下来。

查看本次实验过程数据,点击后出现的对话框如图 5-5 所示。

查看以往实验过程数据,点击后出现的对话框如图 5-6 所示。

设定充气压力,点击后出现的对话框如图 5-7 所示。

三、实验原理

煤体中大量的微孔表面具有表面能,当气体与内表面接触时,分子的作用力使甲烷气体分子在表面上浓集,称为吸附。气体分子浓集的数量渐趋增多,为吸附过程;气体分子复返回自由状态的气相中,表面上气体分子数量渐趋减少,为脱附过程;表面上气体分子维持

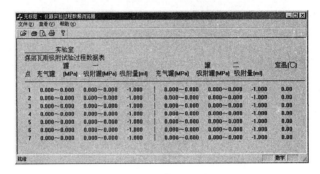

图 5-5　查看本次实验过程数据

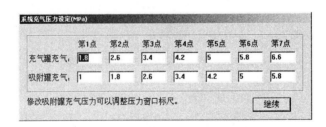

图 5-6　查看以往实验过程数据

图 5-7　充气压力设定

一定数量,吸附速率和脱附速率相等,为吸附平衡。煤对甲烷的吸附为物理吸附。

当吸附剂和吸附质特定时,吸附量与温度和压力呈函数关系,即:

$$X = f(T, p) \tag{5-1}$$

当温度恒定时:

$$X = f(p)T \tag{5-2}$$

式(5-2)称为吸附等温线,在高压状态下煤对甲烷的吸附符合朗缪尔方程:

$$X = \frac{abp}{1 + bp} \tag{5-3}$$

式中　T——温度,℃;

　　　p——压力,MPa;

　　　X——p 压力下吸附量,cm³/g;

　　　a——吸附常数,当 $p \to \infty$ 时,即为饱和吸附量,cm³/g;

　　　b——吸附常数,MPa⁻¹。

高压容量法测定煤的甲烷吸附量的方法是:将处理好的干燥煤样,装入吸附罐,真空脱气,测定吸附罐的体积,向吸附罐中充入一定体积的甲烷,使吸附罐内的压力达到平衡,部分气体被吸附,部分气体仍以游离状态处于剩余体积之中,已知充入甲烷体积,扣除剩余体积内的游离体积,即为吸附体积,各个点连接起来即为吸附等温线。

四、实验内容与实验步骤

(1) 煤样处理:

① 采集煤层全厚样品(或分层),除去矸石,四分法缩分成 1 kg,装袋,备用。

② 取送样的一半全部粉碎,通过 0.17~0.25 mm(60~80 目)筛网,取 0.17~0.25 mm(60~80 目)间的颗粒,称出 100 g,放入称量皿。其余煤样分别按 GB/T 217—2008、GB/T 211—2007、GB/T 212—2008 测定煤的真相对密度 TRD_{20}^{20}、水分(M_{ad})、灰分(A_d,A_{ad})和挥发分(V_{daf}),饱和水平衡样品制取方法参见《煤的高压等温吸附试验方法》(GB/T 19560—2008)。

③ 将盛煤样的称量皿放入干燥箱,恒温到 100 ℃,保持 1 h 后取出,放入干燥器内冷却。

④ 称煤样和称量皿总质量 G_1。将煤样装满吸附罐,再称剩余煤样和称量皿质量 G_2,则吸附罐中的煤样质量 G 为:

$$G = G_1 - G_2 \tag{5-4}$$

煤样可燃物质量 G_r 为:

$$G_r = \frac{G(100 - A_d)}{100} \tag{5-5}$$

$$A_d = \frac{A_{ad}}{100 - M_{ad}} \tag{5-6}$$

式中　A_d——干燥基灰分,%;

　　　A_{ad}——分析基灰分,%;

　　　M_{ad}——分析基水分,%。

(2) 将处理好的煤样(20~30 g)装入吸附罐内的煤样瓶内。此时要注意:

① 拧开煤样罐盖前检查煤样罐内部是否还存在未排完的瓦斯气体。

② 在煤样上面盖上一层脱脂棉,防止煤尘进入仪器内部造成设备损坏。

③ 检查密封圈是否有弹性,若损坏应及时更换。

④ 密封圈和煤样罐的接合面要保持洁净无异物(如棉花丝),否则容易漏气。

⑤ 装入煤样瓶前避免异物掉入煤样罐。

⑥ 煤样罐内要保持干燥,不允许有水进入。

⑦ 进行测定前一定要观察恒温水箱里的水是否加满,如未加满必须把水加满后再进行下一步测定。水位高度以距盖板 1 cm 为宜。

⑧ 检查仪器背板上的通大气口是否连接上胶管并通向室外。

(3) 打开计算机电源,待计算机完成启动程序后,再打开仪器电源;打开瓦斯钢瓶开关。

左键双击桌面快捷方式中的图标 ，启动仪器测试程序后屏幕显示程序主界面如图 5-2 所示。

(4) 待气泵达到工作压力后,点击工具栏图标 ，弹出如图 5-8 所示对话框,在此输入试样编号、质量、密度等数据,设定实验温度(一般情况下采用默认值,不需改动)。然后单击"煤样一文件名",弹出如图 5-9 所示对话框,选择想要保存的路径并输入文件名后单击"保存"。同样设定煤样二的路径。

单击"开始实验",再进行充气压力设定(如图 5-7 所示,一般情况下采用默认值,不需改动),然后开始测定。

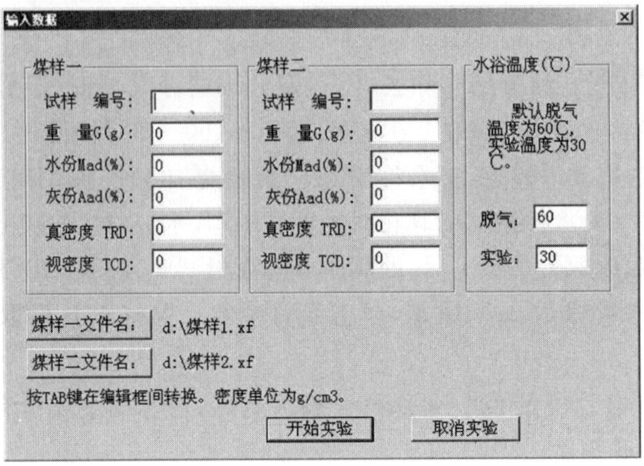

图 5-8　开始实验对话框

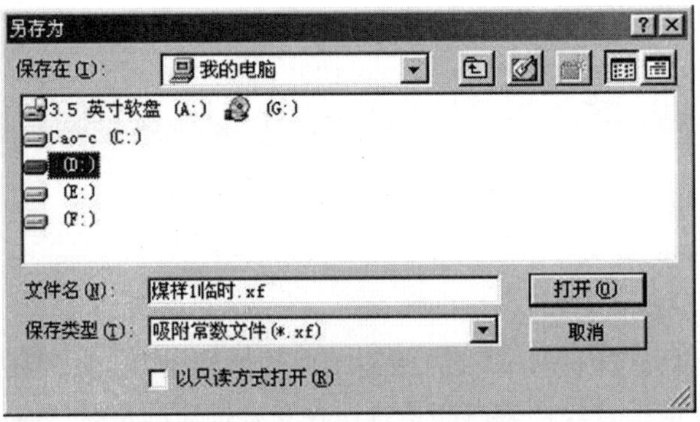

图 5-9　设定路径与文件名

以下实验过程除换水、调节微调阀以外完全为计算机自动控制进行。

(5)仪器自动打开脱气阀、煤样罐1、煤样罐2的阀门,关闭充气阀、通大气阀,仪器启动真空泵开始脱气。

(6)仪器关闭煤样罐1、煤样罐2阀门,再关闭脱气阀,结束脱气。水浴温度由60℃变为30℃,为缩短实验进程,可打开放水阀放出热水,由注水口注入冷水,使水温下降,直至30℃时仪器会进行下一步的操作(注意:换水时水位必须保持在加热管以上)。

(7)仪器打开气源、充气阀,向充气罐内充气后关闭充气阀。此时可手动由小到大地调节仪器背面的微调阀,使充气的速度不至于太快或太慢,如果3 min内充至设定压力,仪器自动结束充气。打开煤样罐1阀,由充气罐向煤样罐1充气。

(8)向煤样罐2内充气,步骤与(7)相同。

(9)煤样开始吸附平衡的过程。此时,压力—时间窗口显示出两个煤样罐内压力随时间的变化。平衡结束后即完成了两个煤样第1个点的测定。

（10）重复（7）、（8）、（9）的操作步骤,完成共 7 个吸附平衡点的操作。至此,实验结束。

在实验结束时,计算机将两个煤样实验结果按照第（4）步设定的路径与文件名自动保存,同时将实验过程中的一系列数据自动保存在"d:\"根目录下的一个文件中,该文件以"煤样 1 编号_煤样 2 编号"命名,在结束实验后任何时候都可以查看其内容,方法如图 5-6 所示。

（11）退出程序:单击菜单中的"文件/退出程序"。

五、实验数据的查看与打印

实验系统为每一个实验煤样创建一个以".xf"为扩展名的数据文件。煤样的质量、灰分、挥发分等原始数据,实验中各压力段测定结果、吸附曲线及计算结果都被保存起来了。为了便于管理,建议在文件存盘时起一个便于识别、具有特征的文件名,如"七台河-32"等。

查看数据文件时,用鼠标单击工具栏中图标 ，或在菜单中选择"文件\打开",则弹出一个对话框,如图 5-10 所示。

图 5-10　打开文件对话框

找到相应的目录后用鼠标选中要打开的文件,单击"确定",文件就打开了,同时显示出该煤样的吸附曲线和 a、b 的值。

实验的原始数据、吸附曲线、计算结果等可用打印机通过报表的形式打印出来。打印过程如下:

（1）打开数据文件。

（2）点击工具栏上的图标 ，弹出如图 5-11 所示对话框,在此输入煤样的采样地点、煤层等信息。若想把这些数据永久保存在文件内,单击"保存并退出";若只供本次使用而不保存在文件内,单击"不保存退出"。

（3）为了确保打印结果正确,用鼠标单击工具栏图标 （或选取菜单"文件\打印预览"）,系统显示界面如图 5-12 所示。

用户可以随意放大、缩小打印页面来查看,如正确无误,则单击"关闭",回到系统界面。

（4）单击工具栏图标 （或选取菜单"文件\打印"）,会弹出"打印"对话框,如图 5-13 所示,在"打印"对话框中单击"确定"按钮,完成打印。

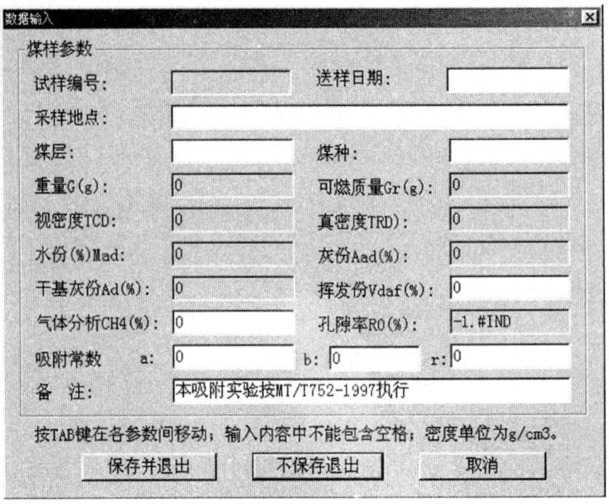

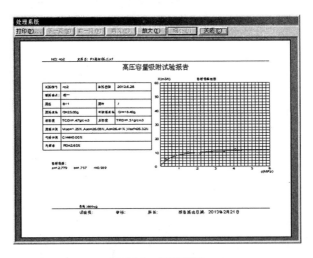

图 5-11　煤样报表数据填写

图 5-12　打印预览

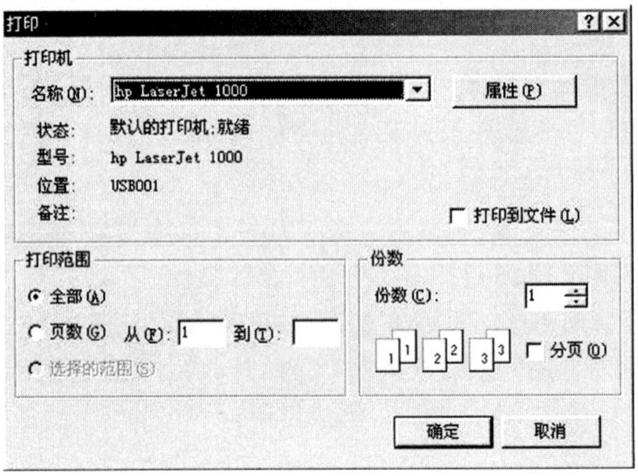

图 5-13　"打印"对话框

参 考 文 献

[1] 俞启香,程远平.矿井瓦斯防治[M].徐州:中国矿业大学出版社,2012.

[2] 郑州华致科技有限公司.HCA-2 高压容量法瓦斯吸附装置说明书[Z].郑州:郑州华致科技有限公司.

实验六　煤层瓦斯压力测定实验

〇、实验背景知识

煤层瓦斯压力是指煤层孔隙内气体分子自由热运动所产生的作用力,由游离瓦斯形成,即瓦斯作用于孔隙壁的压力。煤层瓦斯压力是评价煤层突出危险性与评估煤层瓦斯含量的一个重要指标。同时,煤层瓦斯压力还是决定瓦斯流动动力以及瓦斯动力现象的潜能大小的基本参数,在研究与评价瓦斯储量、瓦斯涌出、瓦斯流动、瓦斯抽采与瓦斯突出等问题中具有指导意义。煤层瓦斯压力的单位为 MPa。

煤层瓦斯压力一般指的是绝对瓦斯压力,绝对瓦斯压力值以绝对真空为起点。用压力表等仪器测出来的瓦斯压力叫"表压力",又叫相对瓦斯压力,相对瓦斯压力是以大气压力为起点。

我国煤层瓦斯压力较高的矿区有北票、天府、南桐和淮南等矿区,其实测的煤层瓦斯最高压力已达 8.0 MPa 以上。国外的最高瓦斯压力值在乌克兰顿巴斯的一些深度超过 1 000 m 的深井测得,其瓦斯压力值在 10.0 MPa 以上。

我国在 1996 年 12 月首次发布了煤炭行业标准《煤矿井下煤层瓦斯压力的直接测定方法》(MT/T 638—1996),并于 2007 年 3 月发布了 AQ 1047—2007 替代 MT/T 638—1996,该标准中规定了煤矿井下直接测定煤层瓦斯压力的方法、工艺、设备、材料、封孔等具体要求,对井下瓦斯压力的测定起到了指导作用。

煤层瓦斯压力井下直接测定法测定原理是通过钻孔揭露煤层,安装测定仪表并密封钻孔,通过打钻封孔后在煤层内形成测压室,安装压力表后,测压室周围无限大空间煤体内的瓦斯不断向测压室运移,保证打钻过程和封孔后材料凝固时期(安装压力表前)逸散的瓦斯通过周围煤体的瓦斯流动补充,最终达到平衡,可通过压力表测得煤层的真实瓦斯压力。

按测压时是否向测压钻孔内注入补偿气体,测定方法可分为主动测压法和被动测压法。主动测压法:在钻孔预设测定装置和仪表并完成密封后,通过预设装置向钻孔揭露煤层处或测压气室充入一定压力的气体,从而缩短瓦斯压力平衡所需的时间,进而缩短测压时间的一种测压方法,补充气体可选用氮气、二氧化碳或其他惰性气体。被动测压法:测压钻孔被密封后,利用被测煤层瓦斯向测压气室的自然渗透作用,最终达到瓦斯压力平衡,进而测定煤层瓦斯压力的方法。

按测压钻孔封孔材料的不同,测定方法可分为黄泥(黏土)封孔法、水泥砂浆封孔法、胶圈(囊)封孔器法、胶圈-压力黏液封孔法、胶囊-压力黏液封孔法及聚氨酯泡沫封孔法等;按测压封孔方法的不同,测定方法可分为填料法和封孔器法两类,其中根据封孔器的结构特点,封孔器分为胶圈、胶囊和胶囊-黏液等。

煤层瓦斯压力是煤层瓦斯的重要参数,其测试方法是安全工程专业技术人员必须掌握的基本技能,但是其测试周期长、必须到井下测试的特点又限制了大规模组织学生到现场进行测试。中国矿业大学安全工程实验中心用钢管模拟钻孔,用 WYY50/6 型瓦斯压力测定仪可以在实验室模拟瓦斯压力的测定过程,对加深学生对瓦斯压力测定原理的理解,掌握胶囊-压力黏液封孔测定瓦斯压力的方法具有重要意义。

一、实验目的

(1)熟悉煤层瓦斯压力测定常用的各种方法,并掌握胶囊-压力黏液封孔测定瓦斯压力的方法。

(2)熟悉 WYY50/6 型瓦斯压力测定仪测压的基本原理。

(3)掌握 WYY50/6 型瓦斯压力测定仪的使用方法和操作步骤。

二、实验器材

WYY50/6 型瓦斯压力测定仪 1 套(包含第一胶囊、第二胶囊、中间连接杆、手动泵等),管钳 2 个,活扳手 1 个,扳手(13-15、14-16)各 1 个,手钳 1 个,细铁丝若干,水桶,内径 80 mm 钢管 2 根(其中 1 根一端封闭并装有压力表)。

三、煤层瓦斯压力测定常用的方法及其原理

瓦斯压力测定钻孔的封孔是煤层瓦斯压力测定的关键,因此,封孔方法的不同决定了瓦斯压力测定方法的不同。总结归纳国内外各种不同的封孔方法,并根据煤矿现场的应用情况,按照封孔材料的不同,煤层瓦斯压力测定方法主要分为三类:固体材料封孔测定瓦斯压力、化学材料封孔测定瓦斯压力和胶囊-压力黏液封孔测定瓦斯压力。

(一)固体材料封孔测定瓦斯压力

首先在距测压煤层一定距离的岩巷打钻孔,钻孔穿入煤层,孔径一般不小于 50 mm;然后清除孔内钻屑,放入 1 根刚性导气管;最后进行封孔,固体材料一般是黏土(黄泥)、水泥砂浆、胶圈、胶囊等。

1. 黏土封孔

使用黏土时,应每隔 0.4 m 打入 1 个木楔,以提高紧密程度,孔口填堵 0.2～0.5 m 的水泥,以紧固强化孔口,如图 6-1 所示。

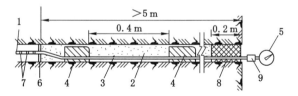

图 6-1　固体材料封孔测定瓦斯压力示意图

1——测压室;2——封孔固体材料;3——测压导气管;4——木楔;5——压力表;
6——挡盘;7——导气孔;8——水泥;9——压力表接头

封孔长度取决于封孔段岩性及其裂隙性,岩石硬而无裂隙时,可缩短,但不能小于 5 m;岩石松软或有裂隙时,封孔长度应增加。

导气管一般用 $\phi 5～12$ mm 的紫铜管或铁管。

封孔操作时要 2～4 人共同用力打紧木楔。黏土条要软硬适当,太软时容易黏在孔壁上,送不到位,形成空腔与裂缝使测压失败,太硬时出现裂隙也会漏气。所以要预先把黏土水分调配好,形成稍小于孔径的黏土条备用。测压导气管位于测压孔中心时,所用的泥条与木楔中心要有孔,这种有孔泥条要用模子压成,比较费工。也可以使导气管贴靠孔壁,为了防止出现漏气沟缝,应在封孔操作时,多次改变导气管贴靠孔壁方位。

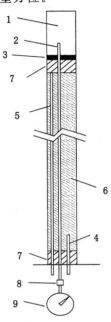

　　该法简便易行,如果认真细致操作,可以测得较高压力。封孔后即可上压力表,不需等待固化时间。封孔管不能回收,费工费时(一般 4～5 人封一个孔需要 2～4 h),体力劳动强度较大。这种方法适用于各种倾角的孔。

　　2. 水泥砂浆封孔

　　为了克服黏土封孔费工费时、劳动强度较大的缺点,国内外很多矿井采用注浆泵搅拌水泥砂浆并将其压入钻孔的封孔工艺。这种方法适用于封孔倾角超过 45°、深度大于 15 m 的钻孔。封孔作业时,孔内除测压导气管外,还要置入一根 ϕ12.7 mm、长约 1 m 的注浆管和一根 ϕ12.7 mm、长度等于封孔长度的检查管。先把测压导气管送入孔内,再送入几条黏土至挡板处轻轻捣实,把测压导气管固定住,然后送入注浆管与检查管并在孔口用黏土与木楔固牢,如图 6-2 所示。把水泥、砂子、膨胀剂、水等倒入注浆泵的搅拌机中,使离合器处于断开状态,打开电源开始搅拌,当水泥砂浆搅拌均匀之后,闭合离合器,则注浆泵开始把水泥砂浆压入钻孔,当检查管流出砂浆时,封孔作业终止。封孔完工后 2～3 d,待水泥固化达到一定强度后才能上压力表。KFB 型矿用封孔泵的结构示意图见图 6-3。

图 6-2　注浆封孔测压示意图
1——测压室;2——测压导气管;
3——挡板;4——注浆管;5——检查管;
6——水泥砂浆;7——黏土;
8——压力表接头;9——压力表

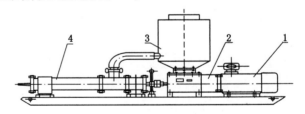

图 6-3　KFB 型矿用封孔泵示意图
1——电动机;2——变速箱;3——搅拌机;4——送浆泵

　　注浆封孔对钻孔周围的裂隙也有一定的封堵作用,加之封孔长度大,所以测压的效果较好。缺点是该瓦斯压力测定方法测压器材不能回收,水泥砂浆凝固时间长。

　　3. 机械式胶圈(胶囊)封孔

　　胶圈封孔是一种简便的封孔方法,它适用于封孔段岩石完整致密的条件下。图 6-4 为机械式胶圈封孔器结构示意图。

　　封孔器由内外套管、挡圈和胶圈组成,内套管即为测压管。封直径为 50 mm 的钻孔室,

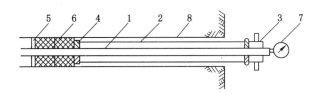

图 6-4　机械式胶圈封孔器结构示意图

1——测压管;2——外套管;3——压紧螺帽;4——活动挡圈;

5——固定挡圈;6——胶圈;7——压力表;8——钻孔

胶圈外径为 49 mm,内径为 21 mm,长度为 78 mm,测压管上焊有环形固定挡圈,当拧紧压紧螺帽时,外套管移动压缩胶圈,即达到封孔目的。

该方法的主要优点是设备简单、质量轻和封孔器可重复使用;缺点是封孔深度小,且要求封孔段岩石必须致密、完整。

4.液压式胶圈(胶囊)封孔

液压式胶圈(胶囊)封孔器由液压缸、封孔胶圈、瓦斯入口、测压管、高压油管等组成,如图 6-5 所示。用小型手动高压泵加压,高压油经油管送入液压缸内,对胶圈施加轴向压力,胶圈发生膨胀将钻孔封住,只要液压缸产生的推力大于瓦斯压力,封孔器就能牢固地固定在钻孔内。回收时要先卸下压力表,待瓦斯压力下降后,再卸除油压,取出封孔器。

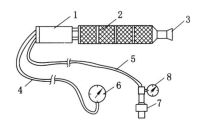

图 6-5　液压式胶圈封孔器结构示意图

1——液压缸;2——胶圈组;3——瓦斯入口;4——测压管;

5——高压油管;6——压力表;7——高压阀;8——油压表

与一般的机械式封孔器相比,其优点在于能在钻孔中任何位置封孔。当一个钻孔穿过两层以上的煤层时,用这种封孔器可以分层测压。对于一般的机械式封孔器存在的缺点,它也同样存在。

(二)化学材料封孔测定瓦斯压力

煤矿常用的化学封孔材料是聚氨酯泡沫材料。

聚氨酯所用的原料分为两组:A 组(白料)成分是聚醚多元醇、扩链剂、发泡剂和表面活性剂;B 组(黑料)成分是异氰酸酯、发泡剂和表面活性剂。两组的原料(液体状)分别置于 A 原料罐和 B 原料罐。

聚氨酯泡沫材料是 A 料和 B 料混合发泡形成的,其混合浆液具有膨胀倍数大、固结速度快、强度高且可调节、防渗效果好等优点。聚氨酯混合浆液的基本性能与水泥单浆液比较见表 6-1。

名称	组成	结石体渗透性 /(cm/s)	凝胶时间	结石体强度 /(kg/cm²)	备注
聚氨酯混合浆液	A料与B料按1∶1混合	$10^{-2} \sim 10^{-6}$	60 s~20 min	2.57~43.7	膨胀17倍
425# 水泥单浆液	水灰比2∶1	$10^{-1} \sim 10^{-3}$	2 d	16	干缩

表 6-1　　　　　　　　聚氨酯混合浆液基本性能与水泥单浆液比较

聚氨酯泡沫材料封孔作业时,先把测压管送入孔内,再送入几条黏土至挡板处轻轻捣实,把测压导管固定住,然后送入注浆管并在孔口用黏土与木楔固牢,如图6-6所示。根据聚氨酯的膨胀倍数并考虑富余系数计算出所需A、B料用量,把计算出的一定量的A、B料倒入专用注浆泵中,打开电源开始向钻孔中注入聚氨酯浆液,直到注完为止,封孔结束。封孔结束半个小时后,装上压力表即可。

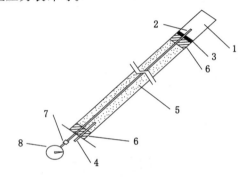

图 6-6　聚氨酯泡沫材料封孔测压示意图

1——测压室;2——测压导气管;3——挡板;4——注浆管;
5——聚氨酯泡沫;6——黏土;7——压力表接头;8——压力表

（三）胶囊-压力黏液封孔测定瓦斯压力

上述利用黏土、水泥砂浆、胶圈(胶囊)等固体材料和化学材料封孔测压方法在封孔段岩层坚硬致密的条件下可以得到正确的瓦斯压力值,但是当封孔段岩层为松软砂岩或钻孔周围存在微裂隙时,封孔的固体物不能严密封闭钻孔周边的裂隙,因而易于漏气,封孔效果不理想,测出的瓦斯压力值低于煤层真实的瓦斯压力值。这样会导致错误的技术判断,造成事故隐患。

为了解决这一技术难题,中国矿业大学从1979年起进行了不懈的研究,提出了胶囊-压力黏液封孔测定煤层瓦斯压力技术。它的基本原理是:用固封液,液封气,即首先用间距约为1.2 m的两个胶囊封孔,通过手动乳化液泵1将乳化液压入第一和第二胶囊,使胶囊膨胀,实现对钻孔的密封;然后用手动乳化液泵2向两个胶囊之间注入具有一定压力的乳化液,乳化液的压力略高于瓦斯压力,乳化液在压力作用下渗入钻孔周边裂隙,阻断了瓦斯的泄漏通道,从而达到彻底封住瓦斯的目的,使测出的瓦斯压力值更加接近于煤层真实的瓦斯压力值。该测压仪工作原理如图6-7所示。

由于胶囊-压力黏液封孔效果更理想,不易漏气,测定的瓦斯压力更接近于真实的压力,所以本次实验我们将采用胶囊-压力黏液封孔测定瓦斯压力。

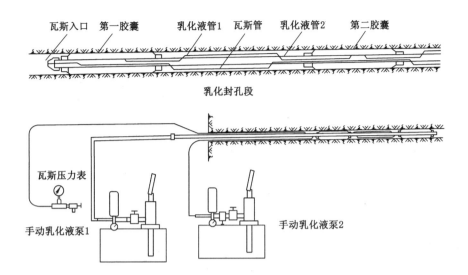

瓦斯入口　第一胶囊　　乳化液管1　瓦斯管　乳化液管2　第二胶囊

乳化封孔段

瓦斯压力表

手动乳化液泵1　　　　　　　　　　　　　手动乳化液泵2

图 6-7　测压仪工作原理图

四、实验内容及操作方法

（1）用一端封闭且装有压力表的钢管模拟测压室，用另一个钢管模拟钻孔，将两个钢管依次摆开，中间间隔 2 m，带有压力表的一端放在最外端，如图 6-8 和图 6-9 所示。

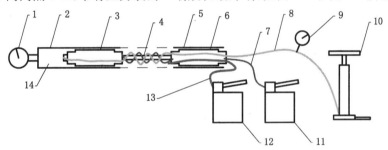

图 6-8　测压示意图

1,9——压力表；2——一端密封的钢管；3——第一胶囊；4——连接杆；
5——钢管；6——第二胶囊；7——水管；8——瓦斯管；10——打气筒；
11——打水手压泵；12——打黏液手压泵；13——黏液管；14——测压室

图 6-9　瓦斯压力测定仪

（2）取出瓦斯压力测定仪，将第一胶囊、连接杆、第二胶囊依次连接起来，其中第一胶囊的最前端是瓦斯采样口，无任何管路接头。

（3）将第一胶囊、第二胶囊依次插入一端密封的钢管和另一个钢管,两个胶囊之间的连接杆刚好处在两个钢管之间。

（4）将第一胶囊的瓦斯管(带有红色标记)与连接杆上的瓦斯管(带有红色标记)连接,将连接杆上的瓦斯管(带有红色标记)与第二胶囊上的瓦斯管(带有红色标记)连接,将第二胶囊的瓦斯管与打气筒连接。

（5）将第一胶囊的水管(最细的管)与连接杆上的水管(最细的管)连接,将连接杆上的水管(最细的管)与第二胶囊上的水管(最细的管)连接,将第二胶囊的水管与打水手压泵连接。

（6）将第二胶囊上的黏液管(粗管)与打黏液手压泵连接。

（7）向打水手压泵中加满水,检查所有管路的连接正确无误后,用手压泵向两个胶囊注水,随着注水量的增大,可以观察到两个胶囊开始缩短变粗,完全收缩到两个钢管内部,继续用手压泵打压,直至手压泵的压力表显示达到 2.0 MPa。此过程中如发现胶囊不膨胀或手压泵的压力达不到 2.0 MPa,应及时检查管路是否有漏水。注意:在操作时,工作人员不得面对测压仪,以防有管路突然冲出或破断伤人。

（8）用打气筒向瓦斯管中充气,将瓦斯管的压力表打至 0.5 MPa,此时观察测压室前端的压力表也是 0.5 MPa,然后停止充气。

（9）每隔 2 min 记录一次瓦斯管的压力、测压室的压力和水管的压力,连续记录 30 min,并填入表 6-2。如 30 min 内瓦斯管的压力或者测压室的压力低于 0.3 MPa,则需要检查水管的压力是否有降低。

表 6-2 测量数据记录

时间/min	打水手压泵压力/MPa	测压室压力/MPa	瓦斯管压力/MPa
2			
4			
6			
8			
10			
12			
14			
16			
18			
20			
22			
24			
26			
28			
30			

（10）测压结束后,瓦斯压力测定仪回收时,要严格按照操作程序进行,以免出现危险。首先打开瓦斯管的阀门,将测压室和瓦斯管中的气体放出,等瓦斯管压力为 0 后,将打水手

压泵的卸压阀打开,让水流出,直至手压泵的压力为0。最后将瓦斯压力测定仪从钻孔中取出,拆卸装箱(注意:瓦斯压力测定仪使用完后应及时清理,并擦干瓦斯压力测定仪各部件,以防生锈)。

五、实验思考

(1)与其他测压方法比较,分析胶囊-压力黏液封孔法测瓦斯压力的优缺点。

(2)针对煤层瓦斯压力测定的工程问题,有无更好的测定瓦斯压力的方法?对胶囊-压力黏液封孔法提出改进意见。

参 考 文 献

[1] 国家安全生产监督管理总局,国家煤矿安全监察局.煤矿安全规程[M].北京:煤炭工业出版社,2016.

[2] 俞启香,程远平.矿井瓦斯防治[M].徐州:中国矿业大学出版社,2012.

实验七　瓦斯浓度测定与瓦斯爆炸实验

〇、实验背景知识

广义的瓦斯是指井下有害气体的总称,一般包括四类来源:第一类来源是在煤层与围岩内赋存并能涌入矿井中的气体,是最主要的来源;第二类来源是煤矿生产过程中生成的气体,如爆破的炮烟、内燃机的废气、充电过程产生的氢气等;第三类来源是煤矿井下空气与煤岩、矿物、设备材料之间化学反应生成的气体;第四类来源是放射性物质蜕变过程生成的放射性惰性气体,如氡气、氦气等。煤矿瓦斯各组分在数量上的差异是很大的,一般以甲烷为主,所以狭义的瓦斯就是指甲烷。

甲烷是无色、无味、无臭、可以燃烧或爆炸的气体,它对人呼吸的影响与氮气相似,可以使人窒息。甲烷的化学性质不活泼,微溶于水,在 101.3 kPa 压力条件下,当温度 20 ℃时,100 L 水可溶解 3.31 L 甲烷;0 ℃时,100 L 水可溶解 5.56 L 甲烷。甲烷分子直径为 0.41 nm,其扩散速度为空气的 1.34 倍,涌向煤矿生产空间中的甲烷能迅速扩散到矿井风流中。甲烷在标准状况下的密度为 0.716 kg/m³,为空气密度的 0.554 倍。在自然条件下,由于甲烷在空气中的强扩散性,所以它一经与空气混合,就不会因其比重较轻而上浮、聚积。当无瓦斯涌出时,巷道断面内甲烷的浓度是均匀分布的;当有瓦斯涌出时,甲烷浓度则呈不均匀分布,在有瓦斯涌出的巷道壁附近,甲烷的浓度相对较高。

《煤矿安全规程》规定,矿井总回风巷或者一翼回风巷中甲烷浓度超过 0.75% 时,必须立即查明原因,进行处理。采区回风巷、采掘工作面回风巷风流中甲烷浓度超过 1.0% 时,必须停止工作,撤出人员,采取措施,进行处理。采掘工作面及其他作业地点风流中甲烷浓度达到 1.0% 时,必须停止用电钻打眼;爆破地点附近 20 m 以内风流中甲烷浓度达到 1.0% 时,严禁爆破。采掘工作面及其他作业地点风流中、电动机或者其开关安设地点附近 20 m 以内风流中的甲烷浓度达到 1.5% 时,必须停止工作,切断电源,撤出人员,进行处理。采掘工作面及其他巷道内,体积大于 0.5 m³ 的空间内积聚的甲烷浓度达到 2.0% 时,附近 20 m 内必须停止工作,撤出人员,切断电源,进行处理。对因甲烷浓度超过规定被切断电源的电气设备,必须在甲烷浓度降到 1.0% 以下时,方可通电开动。因此,瓦斯浓度测定方法是矿山安全技术人员的必备技能。

瓦斯爆炸是以甲烷为主的可燃性气体和空气组成的混合气体在火源的引发下发生的一种迅猛的氧化反应,一旦发生,不仅会严重摧毁矿井设施,破坏矿井的通风系统,而且会造成大量的人员伤亡,还有可能引发煤尘爆炸、火灾、井巷垮塌和顶板冒落等次生灾害。瓦斯爆炸是煤矿生产中最主要的重大灾害。一般认为,瓦斯爆炸的甲烷浓度界限为 5%～15%,理论上爆炸最猛烈的甲烷浓度为 9.5%,其他可燃气体的掺混、引火源温度和环境中的氧气浓度变化等都有可能导致瓦斯爆炸界限的改变。

一、实验目的

（1）熟悉广义瓦斯和狭义瓦斯的概念，并掌握光干涉型甲烷测定器测定甲烷浓度的方法。

（2）熟悉瓦斯爆炸的浓度界限，并通过爆炸实验现象直观观察比较不同瓦斯浓度的爆炸火焰传播现象。

二、实验器材

CJG10D 型瓦斯浓度测定器（量程 0～10％）、CJG100 型瓦斯浓度测定器（量程 0～100％）、瓦斯爆炸演示装置、瓦斯气袋、相机、三脚架等。

三、光学瓦斯浓度测定器的工作原理

（一）光的干涉

光是以波的形式从光源向四面传播的，光波和水波相似，只是光波用眼睛看不见。光波凸起的部分叫波峰，凹下去的部分叫波谷，波峰间的距离叫波长（λ），不同颜色的光线其波长不同。光线可分为红、橙、黄、绿、青、蓝、紫七色。光有多种特性，光的干涉就是其特性之一。所谓光的干涉，就是波长相同的两波相互产生波峰增长或者抵消的现象，两波相加的叫相长干涉，两波相消的叫相消干涉。相长干涉使光线亮度提高，相消干涉使光线亮度降低、变暗。

（二）光学瓦斯浓度测定器的光路系统

光学瓦斯浓度测定器是根据光干涉原理制成的，其外形结构如图 7-1 所示。

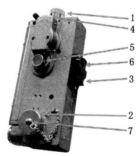

图 7-1　光学瓦斯浓度测定器外形结构

1——目镜；2——粗动手轮；3——目镜灯开关；4——微动刻度盘；

5——微动手轮；6——微动刻度盘灯开关；7——护盖

光学瓦斯浓度测定器的光路系统如图 7-2 所示。由光源 1 发出的光，经聚光镜 2 到达平面镜 3，并经其前后两次表面反射形成两束光，分别通过瓦斯气室 5 和空气气室 6，再经折光棱镜 7 将其折回穿过另一侧的瓦斯气室和空气气室后，回到平面镜 3 经过折射和反射，两束光合成一束进入棱镜 8，再反射给望远镜系统 9。由于光程差的结果，在物镜的焦平面上将产生干涉条纹。

由于光的折射率与气体介质的密度有直接关系，如果以空气气室和瓦斯气室都充入新鲜空气产生的条纹为基础（对零），那么，当含有瓦斯的空气充入瓦斯气室时，由于空气气室中的新鲜空气与瓦斯气室中的含有瓦斯的空气的密度不同，它们的折射率即不同，因而光程也就不同，于是干涉条纹产生位移，从目镜中可以看到干涉条纹移动的距离。由于干涉

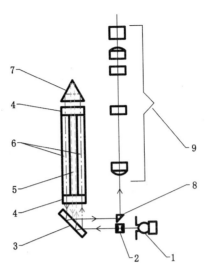

图 7-2　光学瓦斯浓度测定器的光路系统图

1——光源；2——聚光镜；3——平面镜；4——平行玻璃；5——瓦斯气室；
6——空气气室；7——折光棱镜；8——反射棱镜；9——望远镜系统

条纹的位移大小与瓦斯浓度的高低成正比关系，所以，根据干涉条纹的移动距离就可以测知瓦斯的浓度。我们在分划板上读出位移的大小，其数值就是测定的瓦斯浓度。

（三）光学瓦斯浓度测定器的构造

1. 光学系统（光源、聚光镜）

光源：采用 1.35 V、0.3 A 的白光小灯泡。内部反光层是白色的。这个小灯泡与干涉条纹有很大关系，不得任意更换。

聚光镜：用来汇聚光源发出的灯光，使之增强亮度，在灯泡前装有 0.5 mm 细缝的光屏，能挡去多余的光，使干涉条纹更加清晰。

2. 干涉系统

（1）平面镜组：该镜组是仪器的心脏组件，镜片用质量良好的光学玻璃组成，镜片后面镀银和铝，形成反射膜，平面镜的平行度要求极严格，将直接影响干涉条纹清晰度。

（2）折光棱镜组：该镜组是干涉系统的重要组件，由光源来的光投射到平面镜上，分成两列光，这两列光分别经过空气气室和气样气室，射到折光棱镜上，然后经过两次 90°反射，又将两列光线平行地射回平面镜。

3. 测定系统

（1）反射棱镜：该棱镜的作用是将光线作 90°转向。通过螺杆调节，可使干涉条纹移动，调节支板可以寻找干涉视场的范围。

（2）气室：气室是测定气体的主要组件，其长度为 120 mm，共分三路，两侧为空气气室，中间为气样气室。气室两端用平行玻璃胶合封闭。气室的长度因仪器型号不同而异，气室越长仪器的精度越高，但测定的范围也越小，反之精度低，测定范围大。

（3）物镜：它是由双凸透镜和凹透镜用透明树脂胶合而成的。要想收到质量好的图像，镜片上不能有明显的划痕、气泡、砂眼、麻点以及脱胶等现象。

（4）分划板：其为表面光洁度要求为 1 级，有效范围为 1.6 mm×0.4 mm 的长方框，在

$0\sim10\%$的范围内共有21道刻线,干涉条纹经物镜成像,在分划板上显示出来。

（5）目镜:它主要起放大作用,便于观测,可以通过保护玻璃座旋转来调节视力,直至分度线看清为止。

4. 气路系统

空气气室的入口和出口分别装有盘形管和封闭堵头。盘形管的作用是自动平衡气压变化(使空气气室和大气沟通,保持和气样气室相同的压力),并能减少瓦斯扩散的影响。气样气室和吸收管连接,吸收管里装钠石灰。

干燥剂管一般是在矿井水蒸气较大(即空气湿度大)时采用,管内装氯化钙,把水蒸气吸收掉,以保证测量的准确性。如果二氧化碳成分较大,用吸收管(辅助吸收管)不能完全吸收,影响准确测定时,干燥剂管里也可装钠石灰。

5. 电路系统

仪器电路系统是由电池、灯泡和开关组成的,通过开关控制干涉系统的光源和测微组照明的光源。开关装在仪器外面,并保证接触良好,不应有忽明忽暗现象。

四、实验内容与实验步骤

（一）检查瓦斯浓度测定器药品是否失效

吸收管内的硅胶或氯化钙和钠石灰如果变质或失效就会降低吸收能力,影响测定的准确性。干燥剂情况如表7-1所列。药品颗粒的大小以$2\sim5$ mm为宜,太小则粉末太多,容易进入气室,太大则药品不能充分发挥吸收能力。吸收管内的三块隔片就是为了气体和药品表面充分接触而设置的。

表 7-1　　　　　　　　　　　　　　　　干燥剂情况表

药品名称	药品作用	正常状态	失效状态	安装位置
钠石灰	吸收二氧化碳	粉红色	变淡、变白	仪器外
硅胶	吸收水分	透明绿色	无色,最后变为粉红色	一般在仪器内,有时也在仪器外
氯化钙	吸收水分	白色,颗粒状	白色,粉末状	

（二）检查瓦斯浓度测定器的气密性

首先检查吸气球是否漏气:用手捏扁吸气球,另一手掐住胶管,然后放松吸气球,若吸气球一分钟内不胀起,则表明不漏气。

然后检查仪器气室是否漏气:将吸气胶皮管同测定器吸气孔连接,堵住进气孔,捏扁吸气球,松手后吸气球一分钟内不胀起,则表明不漏气。

最后检查气路是否畅通:放开进气孔,捏放吸气球,以吸气球能瘪起自如为好。

（三）检查瓦斯浓度测定器的干涉条纹是否清晰

按下光源电门,由目镜观察,并旋转目镜筒,调整到分划板清晰为止,再看干涉条纹是否清晰,如不清晰,可取下光源盖,拧松灯泡后盖,调整灯泡后端小柄,同时观察目镜内条纹,直到条纹清晰为止。然后拧紧灯泡后盖,装好仪器。

（四）清洗气室

使用前,必须用新鲜空气冲洗瓦斯气室,即在地面或井下新鲜空气中,手捏吸气球$5\sim$10次。

（1）新鲜空气：空气未受污染的巷道，一般在井底车场或矿井总进风巷；在实验室实验时，室内空气即是新鲜空气。

（2）距被测地点温差不超过 10 ℃：实验仪器对温度的变化比较敏感，温度变化会引起零点条纹移动（现场称为"跑正"或"跑负"），影响测试数据的准确性。

（五）干涉条纹的零位调整

（1）清洗气室后，转动测微手轮，使微动刻度盘归零。

（2）打开护盖，转动粗动手轮，使黑色的基线归零，并记住所对的这条黑线。旋上护盖，此后护盖不得再旋动，以免零位变动。

（六）向瓦斯爆炸演示装置中充入瓦斯，并测试瓦斯浓度

实验用瓦斯爆炸演示装置实体如图 7-3 所示。将瓦斯爆炸演示装置的爆破泄压口用两层报纸密封，将瓦斯气袋与瓦斯爆炸演示装置的进气口连接起来，打开瓦斯气袋的输气管开关，挤压瓦斯气袋中的瓦斯气体，当挤压完瓦斯气袋中 1/3 的气体时，关闭输气管的开关。

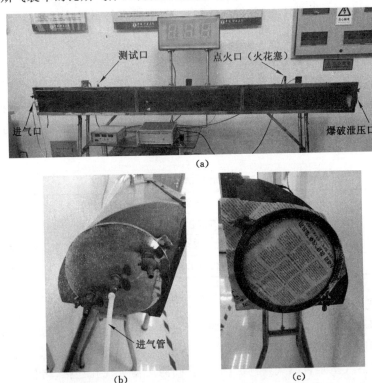

图 7-3　瓦斯爆炸演示装置

(a) 正视图；(b) 进气口；(c) 爆破泄压口

分别将 CJG10D 型瓦斯浓度测定器和 CJG100 型瓦斯浓度测定器的吸气管插入测试口或点火口中，挤压吸气球 5～8 下，将待测气体吸入瓦斯室。

实验读取瓦斯浓度方法：按下光源电门，由目镜中观察黑基线的位置，如其恰与某整数刻度重合，读出该处刻度数值，即为瓦斯浓度。如果黑基线位于两个整数之间，则应顺时针转动微调螺旋，使黑基线退到较小的整数位置上，然后从微读数盘上读出小数位，整数与小数相加就是测定出的瓦斯浓度。例如，若从整数位读出的数值为 6，微读数为 0.52，则测定

的瓦斯浓度为 6.52%。测定后,应把刻度盘退转到零位。

（七）不同浓度的瓦斯爆炸演示实验

继续向瓦斯爆炸演示装置中缓慢充入瓦斯气体,待混合充分后,测试读取腔体内瓦斯浓度数值,如达 8%左右时,关闭进气口的阀门,将点火口的火花塞安装上去,架设相机并打开录像模式,开始录像。启动引爆开关,点燃爆炸演示装置中的瓦斯,瓦斯爆炸传播的实验现象如图 7-4 所示,实验进程很快,肉眼可直接观察但不易分析,可通过拍摄的实验爆炸视频进行回看,逐帧或逐秒分析。

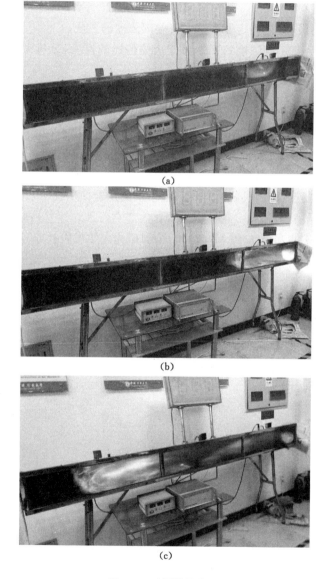

(a)

(b)

(c)

图 7-4 瓦斯爆炸实录

(a) 火花塞引爆瓦斯;(b) 爆炸产生的冲击波冲破泄压口;(c) 爆炸火焰继续向进气口方向传播

每次瓦斯爆炸完成后,需清理泄压口附近散落的碎报纸片,用吹风机从泄压口向演示装置内部吹入新鲜空气,将爆炸产生的二氧化碳等废气驱替出来,为下次实验做准备。

第二次实验时可向瓦斯爆炸演示装置中充入浓度为10％的瓦斯,第三次实验向爆炸演示装置中充入浓度为12％的瓦斯,开展不同浓度下的瓦斯爆炸实验现象观察分析,同样录制相应的爆炸视频。

（八）计算火焰传播的速度

将录制的瓦斯爆炸视频在电脑上一帧一帧地播放,选取火焰传播一段距离所需要的帧数(时间),计算火焰传播的速度,对比分析不同瓦斯浓度下瓦斯爆炸火焰的传播速度。

五、实验记录与分析

（1）自学并简述瓦斯浓度测定器测试二氧化碳浓度的方法。

（2）观察并初步计算不同浓度的瓦斯爆炸火焰传播的速度,分析火焰传播速度的影响因素。

参 考 文 献

[1] 国家安全生产监督管理总局,国家煤矿安全监察局.煤矿安全规程[M].北京:煤炭工业出版社,2016.

[2] 西安重装矿山电器设备有限公司.光干涉型甲烷测定器使用说明书[Z].西安:西安重装矿山电器设备有限公司.

[3] 俞启香,程远平.矿井瓦斯防治[M].徐州:中国矿业大学出版社,2012.

实验八　粉尘浓度测定实验

○、实验背景知识

工业粉尘是目前工业生产中存在的重要灾害之一,许多作业场所都会产生和存在大量粉尘。例如:在矿井开采过程中各个工序都可能产生大量的粉尘,工人在此环境中作业,将吸入大量粉尘而可能导致尘肺病。另外很多粉尘还具有燃烧爆炸性,如煤尘、水泥厂粉尘、面粉、金属粉尘等,这些都将严重威胁矿井及其他作业场所的安全生产。为此,必须采取有效措施,监测和控制粉尘的扩散和飞扬,使风流中的粉尘浓度降至安全值以下,以保证作业场所的卫生条件,保障工人的身体健康,防范粉尘的燃烧爆炸,促进安全生产。

其中,粉尘浓度的测定是从事防尘工作的工程技术人员应掌握的最基本、最常用的技术。空气中粉尘浓度的测定工作可为分析生产环境中粉尘对人体健康的危害程度,检查作业地点空气中粉尘浓度是否达到国家卫生标准或国家排放标准以及应采取的相应防尘除尘措施等提供科学依据。

粉尘浓度的度量在国际上以计重法表示。采样测定方式以长周期定点监测方式为主。根据粉尘浓度的检测原理可分为光电法(包括红外光透光、光散射、激光散射等)、滤膜增重法和β射线吸收法等。粉尘浓度的检测仪器按照测尘浓度类型可分为全尘粉尘测定仪、呼吸性粉尘测定仪和两段分级计重粉尘测定仪等。

以煤炭生产行业为例,《煤矿安全规程》第六百四十条明确规定:作业场所空气中粉尘(总粉尘、呼吸性粉尘)浓度应当符合表 8-1 的要求。不符合要求的,应当采取有效措施。

表 8-1　　作业场所空气中粉尘浓度要求

粉尘种类	游离 SiO_2 含量/%	时间加权平均容许浓度/(mg/m^3)	
		总粉尘	呼吸性粉尘
煤尘	<10	4	2.5
矽尘	10~50	1	0.7
	50~80	0.7	0.3
	≥80	0.5	0.2
水泥尘	<10	4	1.5

注:时间加权平均容许浓度是以时间加权数规定的 8 h 工作日、40 h 工作周的平均容许接触浓度。

《煤矿安全规程》第六百四十二条明确规定:煤矿必须对生产性粉尘进行监测,并遵守下列规定:

(1)总粉尘浓度,井工煤矿每月测定 2 次;露天煤矿每月测定 1 次。粉尘分散度每 6 个月测定 1 次。

(2) 呼吸性粉尘浓度每月测定 1 次。

(3) 粉尘中游离 SiO_2 含量每 6 个月测定 1 次,在变更工作面时也必须测定 1 次。

(4) 开采深度大于 200 m 的露天煤矿,在气压较低的季节应当适当增加测定次数。

由此可见,粉尘浓度的测定是工矿企业防尘工作的重要技术手段,相关技术人员必须熟悉和掌握粉尘浓度测定方法及其技术装备的使用,以期能够准确地开展现场粉尘监测工作。同时,粉尘浓度的测定也是安全科学与工程学科本科生的必修实验之一,通过实验的开展能够使学生加深对粉尘监测和防治理论知识的认识和理解。

一、实验目的

(1) 了解生产环境空气中粉尘对人体健康的危害情况,熟知通过粉尘浓度的测定可为粉尘危害防治及鉴定防尘措施的卫生效果提供科学依据。

(2) 学习使用各种粉尘测定仪器设备,如滤膜法原理的粉尘采样器、电子天平以及 β 射线吸收法原理的直读式粉尘浓度测定仪等。

(3) 学习并掌握闭式环形通风流场粉尘综合实验系统的操作和使用方法。

(4) 重点学习并掌握滤膜测尘的原理、方法和操作步骤等。

(5) 重点学习并掌握直读式粉尘浓度测定仪的原理、方法和操作步骤,以及现场测定方法等。

二、实验仪器与设备

主要的仪器设备包括闭式环形通风流场粉尘综合实验系统、各类粉尘采样器、电子天平或扭力天平、直读式粉尘浓度测定仪等。

(一)闭式环形通风流场粉尘综合实验系统

该综合实验系统由中国矿业大学安全工程学院大学生实践与创新团队自主设计、研制完成,可以在模拟通风流场中形成不同浓度、不同粒径分布的粉尘场,满足进行粉尘场的粉尘浓度采样测定、在线实时监测以及多种除尘方式的除尘效果测试实验的要求,其结构设计图见图 8-1,实体图见图 8-2。

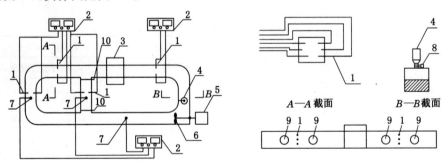

图 8-1　闭式环形通风流场粉尘综合实验系统结构设计图

1——粉尘浓度传感器组件;2——数据采集仪;3——除尘模块;4——储尘罐;5——调速电机;
6——风扇;7——风速传感器;8——调节旋钮;9——取样口;10——调节风门

1. 实验系统的组成

该综合实验系统由以下部分组成:由环形通风主管路和中间联络管路构成的风流管路实验系统;由调速电动机带动风扇作为系统循环风流的动力源;由储尘罐和负压吸尘装置

图 8-2　闭式环形通风流场粉尘综合实验系统实体图

构成系统的产尘部分;由干式除尘模块和湿式除尘模块构成系统的除尘部分;由粉尘浓度传感器和取样测试口构成系统的测试部分;此外,还有风闸和整流格栅调整和稳定系统中的风流。

2. 主要功能及特点

(1) 自动负压加尘,形成不同浓度、不同粒径的粉尘场。选择一种目数的粉尘样本加入储尘罐中,打开储尘罐下方的阀门,打开电动机电源,调节变频器到某一频率,风扇叶片开始旋转,形成持续的风流和负压,带动储尘罐中粉尘持续下落,最终在管道中形成稳定的粉尘场,其示意图如图 8-3 所示。

(2) 取样口取样测试。将取样口固定螺丝打开,取出取样口挡板,取样口是个弧面可以适合不同大小取样器的结构。连接取样器,开展滤膜法或直读法测定粉尘浓度实验,如图 8-4 所示。

图 8-3　粉尘场形成示意图

图 8-4　直读法粉尘浓度测定

(3) 粉尘浓度传感器在线实时监测。该系统共设置了 3 个粉尘浓度传感器,并与无纸记录仪连接,可以直接读取传感器位置处的环境粉尘浓度。实验人员还可以调节显示界面,以曲线形式实时显示粉尘浓度的变化趋势。实验中,所有监测数据都可以保存在 U 盘中,以备后期分析处理。

(4) 具有独立的除尘模块,能够开展多种除尘方式下的除尘效果实验。

① 干式除尘的实验操作过程。将干式除尘模块拆解下来,安装一个或多个不同目数的除尘滤网,即可开展干式除尘效果实验。干式除尘模块如图 8-5 所示。

学生或实验者可以通过除尘模块两边的观察窗直观观察除尘模块前后风流中粉尘浓度的变化情况,也可通过在线监测传感器在无纸记录仪中实时显示除尘前后的浓度曲线变化。

② 湿式除尘的实验操作过程。在湿式除尘模块上方连接有水管、除尘喷头等,通过形成的高压水雾进行降尘和除尘。湿式除尘模块如图 8-6 所示。在湿式除尘模块底部有一个下沉部分,可以将喷雾产生的除尘废水导出。

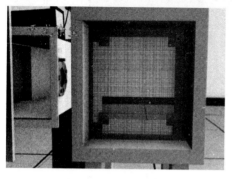

图 8-5 　干式除尘模块　　　　　　　　图 8-6 　湿式除尘模块

另外,湿式除尘实验中还可以开展湿润剂润湿性能实验和不同喷头的除尘效果对比实验。

(5)流场变化对粉尘浓度的影响和沉降规律研究。本实验系统还安装有风流支路,当打开支路阀门后,风流场发生变化,风流重新分配,将形成新的并联风流系统,场中的粉尘浓度也会随之发生变化。

该功能可为高年级本科生及研究生开展风流分配对粉尘浓度的影响规律以及分析封闭空间内的粉尘沉降规律等创新性实验项目,进一步引导、提高大学生的探索意识和实践能力。

(二)滤膜法原理的粉尘采样器设备

以 FC-4 型粉尘采样仪为例,该粉尘采样仪是用于测定空气环境中粉尘浓度的常用仪器,它由两个抽气泵分别组成两套独立的气路系统,可以同时采集两种气体样品测定粉尘浓度或采集平行样品进行误差比较。

粉尘采样仪通常由采样头、流量计、抽气泵、时控电路、欠压指示电路和交直流两用电源等部分组成。抽气泵为隔膜泵,具有结构紧凑、抽气压力大、负载能力强、流量稳定等优点。其工作原理如图 8-7 所示,FC-4 型粉尘采样仪实体如图 8-8 所示。

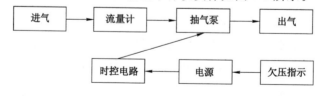

图 8-7 　粉尘采样仪的工作原理图

1. 各部位名称和功能

FC-4 型粉尘采样仪各部位名称和功能如表 8-2 所列。

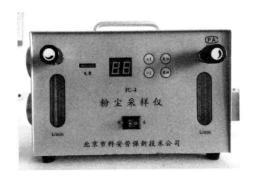

图 8-8 FC-4 型粉尘采样仪实体图

表 8-2 FC-4 型粉尘采样仪各部位名称和功能

名称	功能
浮球流量计	采样流量指示
"+1""-1"功能键	设定采样时间
"采样"键	控制抽气泵开始工作
"复位"键	抽气泵停止工作,回复到上次操作设定的时间初始位
时间显示屏	显示采样剩余时间
电源开关	开机、关机
电量屏幕	显示电压情况
流量调节旋钮	进行抽气流量的调节

2. 技术指标

负载能力:在 2 500 Pa 负载下,流量>20 L/min;抽气流量范围:5~30 L/min,且为双气路;流量稳定性:设备连续运转 30 min 内,≤5%;流量计精度:2.5 级;抽气采样定时范围:0~99 min,误差≤0.1%;连续工作时间:≥180 min(20 L/min 流量时);工作温度:0~45 ℃;电源:16.8 V/3.8 A·h 锂电池组。

(三)β射线吸收原理的直读式粉尘浓度测定仪

以 CCGZ-1000 型直读式测尘仪为例,该测尘仪是采用 β 射线吸收原理(即当 β 射线穿过某一介质时强度衰减,其衰减系数为质量吸收系数)定量测定空气中的粉尘浓度,能够快速、准确、及时地测量不同作业场所中的总粉尘和呼吸性粉尘浓度,可以实时在线显示,适用于具有煤尘、瓦斯爆炸等危险性的环境测量,是本质安全型仪器。

该仪器的外形结构和主要部件如图 8-9 所示。

实验测定时,把夹好采样滤膜的滤膜夹插入采测一体化装置中,保持滤膜夹处于垂直位置时,启动抽气泵,开始收集待测地点处空气中的粉尘样品;当采样完毕后,将其旋至水平位置,即可对该滤膜样品进行快速、定量测量。

三、实验内容及操作方法

(一)滤膜法测定粉尘浓度

1. 滤膜法测尘原理简介

我国规定采用国际上通用的计重法来表示空气中的粉尘浓度,其测量原理是用抽气装

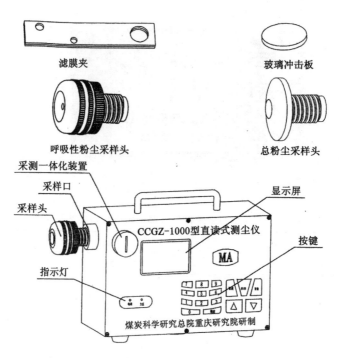

图 8-9　CCGZ-1000 型直读式测尘仪外形结构及主要部件

置做动力,抽取一定量的含尘空气,使其通过装有滤料的采样器,滤料将粉尘截留,然后根据滤料所增加的质量和通过的空气量计算出粉尘浓度。

2. 测定方法和步骤

(1) 采样前的准备工作:

① 打开采样仪电源,按下采样键,检查电池电量状况。其电池电压工作状态采用发光二极管多级 LED 显示,从右到左电压依次降低,绿色区表示电压正常,黄色区表示仪器应充电,红色区表示电池过分欠压,应立即停机进行充电,否则会缩短电池寿命。充电时应先关闭电源,插上充电器,接上电源,充电器上的指示灯显示红色,当指示灯显示绿色时,充电完成。

② 测尘滤膜的准备。取出新的测尘滤膜,揭去其保护纸,放入电子天平或扭力天平中进行称量,记录其初始质量。

用镊子夹取已称重的滤膜毛面,放于锥形滤膜夹中,然后旋开采样头盖,将带滤膜的滤膜夹装入采样头中拧紧,确保装好后的滤膜没有折皱和漏缝以及滤膜的受尘面(毛面)应迎向气流。

(2) 采样测定:

① 将采样头置于闭式环形通风流场粉尘综合实验系统的取样口处,开动电源开关,抽气机开始运转,采样开始,此时迅速调节流量旋钮,使采样流量保持在某一设定值,如 25 L/min,并开始计时。实验时观察采样流量,使其保持稳定直至设定的采样时间终结时,关闭电源开关,记录采样流量和时间。

② 采样的时间应根据抽气量和待测粉尘浓度大小估算而定,原则上应保证滤膜上采集的粉尘不低于 1 mg,但最高不应超过 20 mg,以免滤膜表面因贮尘过厚而造成粉尘脱落导

致误差较大。同时,为了保证测尘的准确,便于比较,一般要求在同一测量地点,以相同采样流量同时测定两个平行样品。

③ 采样后的滤膜称重。将采样后的滤膜从滤膜夹上取下,在一般情况下不需干燥处理,可直接放在天平上称重,但如湿度较大,如在相对湿度 90% 以上并有水雾或水球出现的情况下,应将滤膜放在干燥箱内干燥 1~2 h,每隔 30 min 称重一次,然后记录质量,直至相邻两次质量误差不超过 0.2 mg 为止(计算时取其中较低的值)。

3. 空气中粉尘浓度的计算

滤膜法测量粉尘的实验,采用下式计算其粉尘浓度:

$$G = \frac{W_2 - W_1}{Q \cdot t} \times 1\,000 \tag{8-1}$$

式中　W_1——采样前滤膜质量,mg;

　　　W_2——采样后滤膜质量,mg;

　　　Q——流量计读数,L/min;

　　　t——采样时间,min。

要求:测定的两个平行样品分别计算之后,其偏差 P 应小于 20%,方属合格。平行样品的偏差值按下式计算:

$$P = \frac{\Delta G}{\dfrac{G_1 + G_2}{2}} \times 100\% \tag{8-2}$$

式中　ΔG——平行样品计算结果之差;

　　　G_1,G_2——分别为两个平行样品计算结果。

对应测定合格的两个平行样品,采用它们计算结果的平均值作为该测点的粉尘浓度测量结果。

(二)应用直读式测尘仪测定粉尘浓度

1. 实验及仪器使用注意事项

(1)充电。充电时红色指示灯表示正在充电,绿灯表示充电完成,充电一般需要 6~12 h,若仪器长期不用,应关闭电源开关,若连续 2 个月未用,必须充电一次。

(2)若开展实地测量,需要携带总粉尘和呼吸性粉尘采样头、$\phi25$ mm 无色玻璃冲击板、滤膜、真空硅酯、滤膜夹、不锈钢镊子、剪刀、三脚架等。开展实际测定时,应把仪器安装在三脚支架上固定使用,采样头迎着风流方向,距离地面 1.5 m 高。

(3)按开机键后,进入"测量时间"主界面,按翻动键,选择进入"粉尘浓度测量"界面。按"确定"键,显示"系统预热"界面,预热时间为 3 min,预热结束后,进入"粉尘类型选择"界面,可以选择测量总粉尘还是呼吸性粉尘浓度。注意测量粉尘类型不同时,要配套使用相应的采样头。

2. 具体的实验操作

(1)呼吸性粉尘采样头的安装方法和步骤如图 8-10 所示。用清洁的玻璃棒蘸取少量硅油均匀涂于洁净玻璃板上;旋开呼吸性采样头盖,取下分离器的金属环;将涂有硅油的玻璃板放在突台上,涂硅油的一面朝上,用金属环压紧,再旋上头盖,将整个呼吸性采样头旋入仪器采样口处。

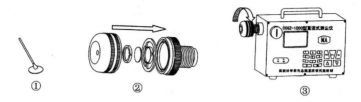

图 8-10   呼吸性粉尘采样头安装

（2）总粉尘采样头的安装。直接将总粉尘采样头旋入仪器采样口处即可。

（3）空白滤膜的本底值测量。在进行实验含尘气体流场的粉尘浓度测定前，需要进行空白滤膜的本底值测定，具体方法如下：在安装好采样头以后，点击进入"准备本底测量"界面。这时将滤膜按照如图 8-11 所示的方法和步骤裁剪好，放入滤膜夹，并将滤膜夹插入采测一体化装置底部，然后旋转至水平位置，按确认键，仪器开始测量空白滤膜本底值。

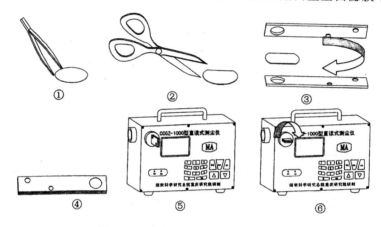

图 8-11   滤膜本底值测量步骤示意图

待滤膜的本底值测量完成之后，记录数据。

（4）采样实验测定。下一步将进入"输入采样时间"界面。将预设的采样时间输入好之后，逆时针旋转采测一体化装置中的滤膜夹至垂直方向。若旋转不动，则拧松采样头，使采测一体化装置能够转动到垂直位置后，再拧紧采样头。然后，按确定键，开始进行采样实验测定。

（5）实验采样结束后，仪器将自动进入"准备粉尘浓度测量"界面。首先旋出采样头，并把采测一体化装置顺时针旋至水平位置，按下"确认"键，即进入"粉尘浓度测量中"界面，如图 8-12 所示。

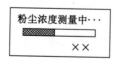

图 8-12   粉尘浓度测量界面

仪器开始自动测量实验采样的粉尘浓度值，倒计时 60 s 后，仪器会自动显示本次实验测定的粉尘浓度数值，进而可以保存测量数据。

四、实验数据记录和实验思考

（一）实验数据的记录和处理

（1）滤膜法实验测定的数据记录，如表 8-3 所列。

表 8-3　　　　　　滤膜法实验测量粉尘浓度的实验数据

平行样品	采样前 W_1/mg	采样后 W_2/mg	采样时间 /min	空气流量 /(L/min)	矿尘浓度 /(mg/m³)	偏差 P	粉尘浓度均值 /(mg/m³)
1							
2							

（2）直读式粉尘浓度测定仪的实验数据记录，如表 8-4 所列。

表 8-4　　　　　直读式测尘仪实验测定粉尘浓度的实验数据

仪器名称	测量次数	粉尘浓度/(mg/m³)	平均值/(mg/m³)
CCGZ-1000 型	第 1 次测量		
	第 2 次测量		

（二）实验思考

（1）如在现场开展粉尘浓度测定工作，需要注意什么事项？

（2）对作业环境中的粉尘浓度进行测定有何意义和作用？

（3）作业环境空气中的粉尘浓度用什么指标表示？《煤矿安全规程》中对作业地点的粉尘浓度有何规定？其他行业呢？

参 考 文 献

[1] 北京市科安劳保新技术公司.FC-4 型粉尘采样仪使用说明书[Z].北京:北京市科安劳保新技术公司,2018.

[2] 国家安全生产监督管理总局,国家煤矿安全监察局.煤矿安全规程[M].北京:煤炭工业出版社,2016.

[3] 煤炭科学研究总院重庆研究院.CCGZ-1000 型直读式测尘仪使用说明书[Z].重庆:煤炭科学研究总院重庆研究院,2007.

[4] 裴晓东,陈树亮,何书建,等.一种通风流场的粉尘测试实验系统:201510891330.9[P].2018-10-02.

[5] 裴晓东,陈树亮,王亮,等.环形通风流场粉尘综合实验系统的构建与实践[C]//第 30 届全国高校安全科学与工程学术年会暨第 12 届全国安全工程领域专业学位研究生教育研讨会论文集.合肥:中国科学技术大学,2018,10:24-28.

实验九　粉尘粒径分布测定实验

〇、实验背景知识

粉尘是由各种不同粒径的粒子组成的集合体。分散度是指粉尘整体组成中各种粒度的尘粒所占的百分比,又称为粒度分布或粒径分布。其中细微颗粒占的比例越大,称为分散度越高。分散度的大小决定着粉尘在空气中停留时间的长短、被吸入肺部的机会多少以及参与人体理化反应的难易。粒径大于 10 μm 的尘粒,由于重力作用,在空气中停留的时间很短,呈加速下降,在静止的空气中,数分钟就可降落下去。而粒径小于 10 μm 的尘粒,在空气中浮游的时间就很长,如粒径 1 μm 的石英尘粒从 1.5~2.0 m 处降落到地面,就需 5~7 h。因此粉尘分散度越大,其粒子在空气中越不易沉降,也难于被捕集,会造成长期空气污染和吸入人体的机会增多,危害人体健康,造成职业伤害。

粉尘的粒径分布特性在粉尘的致病作用上有很大的意义。吸入人体的粉尘,粒径大于 5 μm 的粒子容易被呼吸道阻留,一部分阻留在口、鼻中,一部分阻留在气管和支气管中。粒径为 2~5 μm 的微粒大都阻留在气管和支气管。粒径为 1~2 μm 的粉尘致病力强,而粒径 0.5 μm 以下的尘粒由于质量极小,吸入肺部后,常可随呼气排出,呼吸道的阻留量下降,因而其危害性亦减低。同时,粉尘的分散度越大,其比表面积也越大,粉尘的物理活性与化学活性也越高,越容易参与理化反应,致使尘肺等疾病发病快,病变也严重。粉尘是污染物质的媒介物,分散度越大,粉尘表面吸附空气中的有害气体、液体以及细菌、病毒等微生物的作用也增强。

综上所述,粉尘的粒径分布是粉尘的重要性能参数,它极大地影响粉尘对人体危害的大小,并对劳动环境质量状态、正确选择防尘装备和措施及检验其实际效果等方面,都有着密切的联系。一般情况下,生产技术人员应掌握工业生产中产尘地点的粉尘粒径分布状况后,再结合粉尘的其他特性选择合适的除尘装备,提出合适的治理措施。粉尘粒径分布的测量方法有很多,有显微镜法,其测量结果为投影径中的定向径;液相沉降法,其测量结果为物理当量径中的斯托克斯径;有光散射法(如激光粒度仪),其测量结果为几何当量径中的等体积径。各种粉尘都属于非球体,不同的测量方法之间不具有可比性,因此在给出粒径分布的同时,应说明所采用的测量方法。

一、实验目的

(1) 学习关于粉尘粒径分布测定的相关研究背景和知识,了解粉尘粒径分布测定的原理和常用方法。

(2) 学习并掌握激光粒度分析测试实验仪器的使用和操作步骤,能正确测量粉尘样品的粒径分布情况。

(3) 通过实验样品的粒径分布测试结果,学习并分析其分布特性。

二、实验仪器设备与方法原理

本实验使用的仪器设备为 Winner2000ZDE 智能型激光粒度分析仪,测量结果为几何当量径中的等体积径。测试范围 $0.1 \sim 300~\mu m$,准确性误差、重复性误差均小于 0.5%(国家标准样品 D_{50} 值)。其广泛适用于水泥、陶瓷、药品、乳液、涂料、染料、颜料、填料、化工产品、催化剂、钻井泥浆、磨料、润滑剂、煤粉、泥砂、粉尘、细胞、细菌、食品、添加剂、农药、炸药、石墨、感光材料、燃料、墨汁、金属与非金属粉末、碳酸钙、高岭土、水煤浆及其他粉状物料的粒径分布测定。

本实验依据的标准、规范为:

(1) 国际标准《Particle size analysis—Laser diffraction method》(ISO/DIS 13320)。

(2) 中华人民共和国国家标准《粒度分析 激光衍射法》(GB/T 19077—2016)。

(3) 企业标准《激光粒度分析仪》(济南微纳颗粒技术有限公司,Q/JWN 001—2013)。

实验方法原理:采用 Mie 氏散射原理、会聚光傅里叶变换光路专利技术及无约束自由拟合数据处理技术,实验操作简便、结果稳定。

实验仪器原理图如图 9-1 所示。

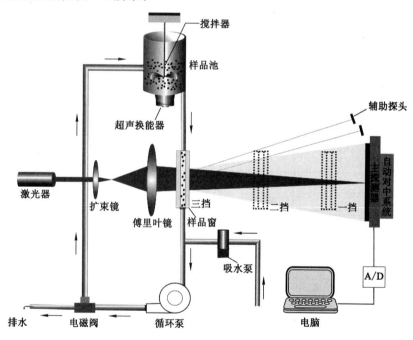

图 9-1　实验仪器原理图

三、实验测试操作步骤

(一)测试前的准备工作

实验仪器连接示意图如图 9-2 所示。

(1) 开启激光粒度分析仪,预热 15 min 以上。启动计算机,并运行 Winner2000plus 软件。

(2) 清洗循环系统。点击连接,然后进入控制界面选择手动模式,点击冲洗功能键,冲

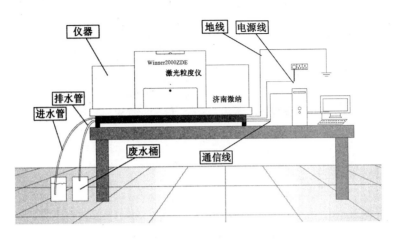

图 9-2　实验仪器连接示意图

洗次数选择 2～3 次,分散介质的选取方法参见表 9-1。

表 9-1　　　　　　　　　常见颗粒的分散介质/分散剂的选取

序号	颗粒名称	分散介质	分散剂
1	铝	环己醇,异丙醇	
2	氧化铝	水	焦磷酸钠,多偏磷酸钠
3	硫酸钡(重晶石)	水	焦磷酸钠,正磷酸钠
4	碳酸钙(白垩,白粉)	水	焦磷酸钠,正磷酸钠,柠檬酸钾,多偏磷酸钠
5	氢氧化钙(消石灰)	环己醇,乙醇,异丙醇	
6	瓷土(高岭土)	水	多偏磷酸钠,正磷酸钠,焦磷酸钠+硅酸钠
7	氧化铬	水 环己醇+异戊醇(9∶1)	焦磷酸钠(0.1～0.3 g/L)
8	刚玉(无水三氧化二铝)	水	焦磷酸钠
9	石墨	水	单宁酸,亚油酸钠,氨
		乙醇,正丁醇	
10	玻璃	水	焦磷酸钠,正磷酸钠
11	云母	水	焦磷酸钠
12	氧化镁	水	多偏磷酸钠
13	硅石,二氧化硅	水(水+乙醇)	
		乙醇	多偏磷酸钠,焦磷酸钠
14	滑石粉	水	焦磷酸钠
15	二氧化锆	水	多偏磷酸钠,焦磷酸钠
16	氢氧化铜	水	多偏磷酸钠
17	钼粉	乙醇,丙酮,甘油	
		水+甘油	
18	碳化硅	水	焦磷酸钠,正磷酸钠

续表 9-1

序号	颗粒名称	分散介质	分散剂
19	二氧化钛(金红石)	水	焦磷酸钠
		水＋乙醇	
20	氧化锌(颜料)	水	多偏磷酸钠,焦磷酸钠
21	锌	乙醇	多偏磷酸钠
22	有机颜料	水	焦磷酸钠
		乙二醇	
23	陶瓷熟料	水	多偏磷酸钠
24	金刚砂(碳化硅)	水	多偏磷酸钠,正磷酸钠
25	煤	乙醇	
		水	亚油酸钠
26	氧化铜	水	多偏磷酸钠

（3）进入分析软件界面（采样界面）。单击“测试”菜单中的“信息设置”。

（4）在打开的“信息设置”对话框中，单击“其他信息设置”选项卡，选择正确的机型及端口，然后单击“确定”关闭对话框。其界面如图 9-3 所示。

图 9-3　实验信息设置对话框—其他信息设置

（5）单击“测试”菜单中的“信息设置”。在打开的“信息设置”对话框中，单击“测试信息”选项卡，填写相应的信息。其界面如图 9-4 所示。

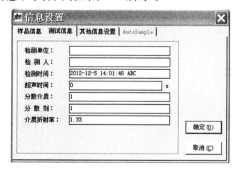

图 9-4　实验信息设置对话框—测试信息

（6）单击"样品信息"选项卡，填写被测样品的相关信息。其界面如图9-5所示。

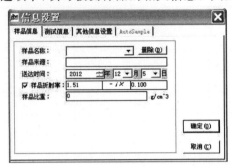

图 9-5　实验信息设置对话框—样品信息

（7）单击"确定"按钮，关闭"信息设置"对话框。

（8）单击"文件"菜单中的"新建"，创建一个新文件。

（9）单击"文件"菜单中的"打开"，系统将弹出"打开"对话框。输入或选择一个扩展名为"JLP"的文件，然后单击"打开"按钮，打开一个已存在的文件。

（10）单击"测试"菜单中的"连接"，使系统进入联机状态。

（二）实验背景测试

准备工作结束后，便可进行背景测试。背景测试是样品测试前的必备工作，因为背景的好坏直接影响样品的测试结果。其测试方法如下：

（1）首先进入控制系统的手动模式，在时间设置栏内设置好时间。点击进水功能键，当水进完成后点击排气泡，排气泡结束后观察气泡排除情况，若仍有气泡，则再排一次。

（2）进入分析软件界面，单击"测试"菜单中的"背景测试"。

（3）系统将显示"背景视图"，如图9-6所示。

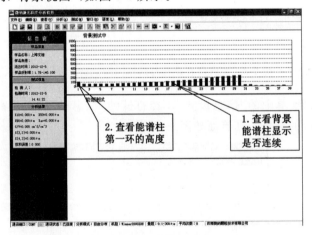

图 9-6　实验背景测试—背景视图

（4）理想的背景应该是：前三级依次降低；整个背景平滑连续；整个背景无明显的凸起，第一环要在400左右以下（如果超过可参考维护保养中的自动对中功能），后面的背景连续，最高处也不应大于400（如果超过可参考维护保养中的样品窗清洗功能）。

（三）实验样品测试步骤

（1）查看背景没问题后，打开循环及超声，然后再次点击背景测试，查看背景测试累计10次后，单击"测试"菜单中的"能谱测试"，系统将显示"能谱测试"图，如图9-7所示。

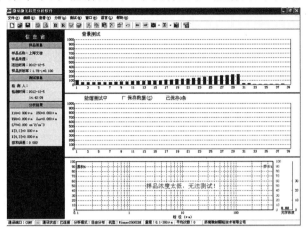

图9-7　实验样品测试—能谱测试视图

（2）把循环停止，在样品桶中加入适量被测样品及分散剂（如果有必要），并擦净样品桶边积液或残留样品。让样品在样品桶中分散一会（根据样品的不同，其分散时间也是不一样的），然后点击循环，此时超声的开启或关闭应根据样品的分散情况来定。然后点击采样界面。

（3）进入控制界面后，待测试完毕，观察"测试视图"中的能谱曲线与浓度显示。如浓度过低，则测试不稳定；如浓度过高，由于受多重散射（复散射）影响，其测试结果会偏低；如果浓度太高，则样品易团聚，分散不好，又可能使测试结果偏大。因此，当测试样品的浓度不合适时，可通过适当增加样品量或分散介质来进行调整，若调整无效则要冲洗循环系统，重新从［背景测试］起开展测定实验。

（4）当测试结果稳定后，可按照以下方法保存测试结果：单击"能谱测试"菜单中的"保存数据"按钮，把当前测试结果存入当前记录列表中，后面跟着显示的是已保存条数。其界面如图9-8所示。

能谱测试中　　☑ 保存数据(S)　　已保存0条

图9-8　实验样品测试结果保存界面

（四）实验后循环系统的清洗

实验测试结束后，要立即清洗循环系统，以免实验颗粒黏附在样品窗及管道系统中，影响后续实验测试结果。

清洗方法如下：

（1）当在手动模式下测试时，在操作键区选择自动进水，测试完毕后，点击冲洗，系统即可按照设定的次数进行自动冲洗及排水。如果想手动冲洗，则在操作键区不选择自动进水，测试完毕后，点击冲洗，系统会及时提醒您"请加入蒸馏水或其他分散介质，完成后点确定"，然后继续根据电脑提示操作即可。

(2) 当选择在自动模式下测试时,系统会在测试完毕后自动冲洗及排水。

(五) 实验测试结束

(1) 测试工作结束后,单击“查看”菜单中的“关闭视图”。

(2) 单击“测试”菜单中的“断开”,与粒度仪脱机。

(六) 实验数据处理及打印

(1) 查看记录列表中的记录,将不符合要求的记录删除。若要删除记录,请选中所要删除的记录,然后单击“编辑”菜单中的“删除”或直接按 Del 键。

(2) 根据需要生成一个平均结果,其方法如下:以多选的方式选中参加平均的记录,如图 9-9 所示。再单击“分析”菜单中的“平均”按钮,系统将弹出对话框询问是否生成一条新记录,单击“是”便可生成一条新记录,并以【平均】加以标注。注意:参加平均的记录量程必须一致。

序号	样品名称	检测时间	D10 (um)	D50 (um)	D90 (um)	Dav (um)	S/V (cm2/cm3)	S/g(
1	YP-1	2002-11-26 11:12:43	2.09	21.74	62.65	27.39	9619.97	96
2	YP-1	2002-11-26 11:11:03	1.94	28.71	64.46	30.13	8951.29	8
3	YP-1	2002-11-26 11:10:28	2.17	22.34	71.80	30.63	9105.96	
4	YP-1	2002-11-26 11:10:16	1.90	24.28	58.07	25.63	10080.91	
5	YP-1	2002-11-26 11:08:11	2.12	23.34	65.00	28.09	9293.06	
6	YP-1	2002-11-26 11:01:27	2.30	27.05	58.52	28.26	7958.00	

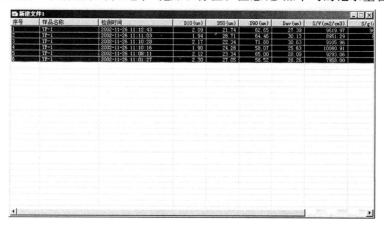

图 9-9　选择并生成平均结果

(3) 打印“粒度分析报告”的方法。选中要打印的一条记录,如图 9-10 所示。单击“分析”菜单中的“分析当前记录”或双击该记录,系统将显示“分析视图”,如图 9-11 所示。

序号	样品名称	检测时间	D10 (um)	D50 (um)	D90 (um)	Dav (um)	S/V (cm2/cm3)	S/g(
1	YP-1	2002-11-26 11:12:43	2.09	21.74	62.65	27.39	9619.97	96
2	YP-1	2002-11-26 11:11:03	1.94	28.71	64.46	30.13	8951.29	8
3	YP-1	2002-11-26 11:10:28	2.17	22.34	71.80	30.63	9105.96	
4	YP-1	2002-11-26 11:10:16	1.90	24.28	58.07	25.63	10080.91	
5	YP-1	2002-11-26 11:08:11	2.12	23.34	65.00	28.09	9293.06	
6	YP-1	2002-11-26 11:01:27	2.30	27.05	58.52	28.26	7958.00	
7	YP-1【平均】		2.08	24.88	64.32	28.33	9170.87	

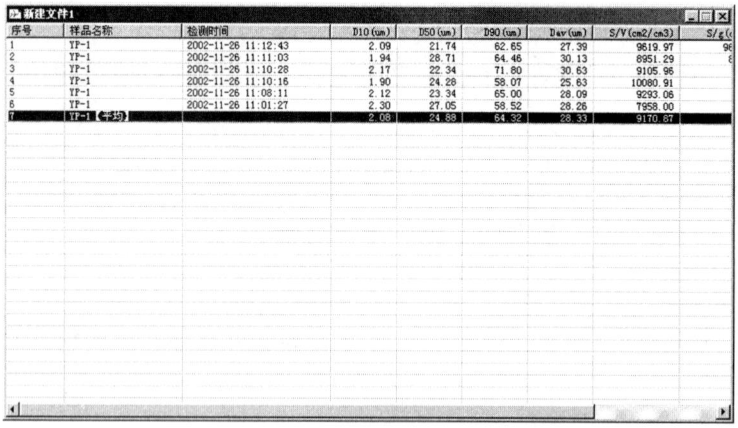

图 9-10　选择打印实验数据

四、实验操作注意事项

(1) 激光束对人眼有害,请勿直视激光束。

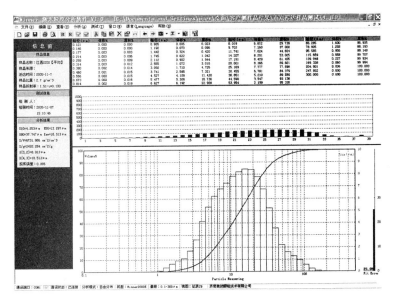

图 9-11　实验数据分析视图

（2）需定期清洗样品窗,样品窗过脏会影响实验测试的正常进行。

（3）拆卸、清洗样品窗及调试光路时,千万不要碰触光电探头(光电探头为激光粒度仪测试的核心部件),以免探头损坏,影响实验测试结果。

（4）不要轻易擦拭光学镜面,以免划伤,引起测量误差。

（5）样品池中无分散液时禁止开启超声系统,分散液温度不得超过 50 ℃,不能有强腐蚀性。

（6）循环泵无介质时禁止空转,以免泵头磨损,影响使用寿命。

（7）在自动进水时,为防止进水量大于溢水量而产生从样品桶上沿溢水现象,一定要控制好进水时间。如产生溢水现象,请立即关闭仪器电源开关,然后用抹布擦净溢出的液体,待液位通过溢水管排至正常位置并确认无液体漏到仪器内部后方可重新开机。如有液体漏到仪器内部,可打开仪器的壳体,清除漏液,并用吹风机烘干或自然晾干。待仪器内部完全干燥后,可通电试检。如无问题,盖好机盖后可正常使用。

（8）排水管一定要保持通畅,不得弯折或堵塞,影响排水。排水管最好直接通往下水道。如用废液桶接废液,排水管出水口一定要固定在废液桶的上部,当废液快满时要及时倒掉,绝不能让排水管出水口浸入废液内,影响排水。

五、实验测试数据报告示例及说明

现以某一实验样品测试数据为例,查看、分析其测试报告的形式和内容,并做相应说明如下。

示例实验的测试数据报告如图 9-12 所示。

关于测试报告的说明如下。

（1）测试范围:即所测粒径的区域,在软件的数据模板中选定。它与仪器的挡位相对应。

（2）分散介质:用于分散被测样品的液体介质。要求分散介质与被测颗粒不能发生化学反应,也不能溶解被测样品。其选取建议参见表 9-1。

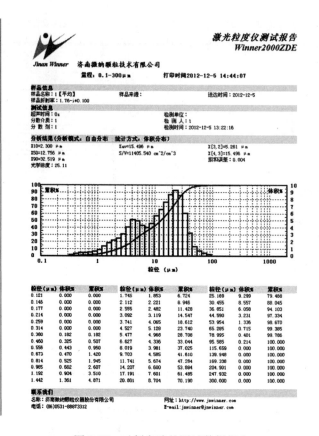

图 9-12　示例实验的测试数据报告

（3）分散剂：能够改变颗粒与液体之间的界面状态，促进颗粒分散的化学物质。

（4）样品浓度：光学浓度，遮光比。

（5）分析模式：常规为自由分布模式，即由无约束自由拟合算法所得的样品本身固有的自然粒度分布。此外，还有 R—R 分布和对数正态分布等模式。

（6）X_{10}：颗粒累积分布为 10% 的粒径，即小于此粒径的颗粒体积含量占全部颗粒的 10%。

（7）X_{50}：颗粒累积分布为 50% 的粒径。

（8）X_{90}：颗粒累积分布为 90% 的粒径。

（9）X_{av}：颗粒群的平均粒径。

（10）S/V：体积比表面积，单位体积颗粒的表面积。

（11）粒度分析图表说明：① 横向是粒径值，该数值呈对数分布。② 左列是体积累积百分比，对应的是上升趋势的曲线图。③ 右列是某一区间的体积百分比，对应的是直方图或起伏的曲线图。

（12）数据列表是与分析图表相对应的测试结果。

六、实验数据及处理要求

按照实验步骤分别对 2～3 组实验粉尘样品进行粒径分布测定实验，获取并记录实验数据，做出相应的实验结果分析。

参 考 文 献

[1] 济南微纳颗粒仪器股份有限公司.Winner2000ZDE 智能型激光粒度分析仪使用说明书 [Z].济南:济南微纳颗粒仪器股份有限公司.

[2] 杨胜强.粉尘防治理论及技术[M].徐州:中国矿业大学出版社,2007.

[3] 叶钟元.矿尘防治[M].徐州:中国矿业大学出版社,1991.

实验十　粉尘接触角测定实验

〇、实验背景知识

液体对固体表面的湿润程度,受液体的力学性质即表面张力大小、粉尘的湿润性、接触时相对运动速度等因素影响。其中,液体的表面张力越小,对粉尘越容易润湿,如酒精、煤油等的表面张力较小,则对粉尘的润湿效果比水要好。不同性质的粉尘对同一性质的液体的亲和程度不同,这种不同的亲和程度称为粉尘的湿润性,湿润性好的亲水性粉尘,容易被液体润湿。而尘粒与液雾粒的相对运动速度比较高时更易被润湿。

液体在固体材料表面上的接触角,是衡量该液体对材料表面润湿性能的重要参数。通过接触角的测量可以获得材料表面固-液、固-气界面相互作用的许多信息。接触角测量技术不仅可用于常见的表征材料的表面性能,而且在石油工业、浮选工业、医药材料、芯片产业、低表面能无毒防污材料、油墨、化妆品、农药、印染、造纸、织物整理、洗涤剂、喷涂、污水处理等领域有着重要的应用。例如,金属焊接过程中,检测焊剂对金属的附着力;印刷行业油墨、金属、纸张之间的附着力;粘贴剂与固体间的黏结程度研究;航天工业中雨雾对飞机机体的润湿程度检测;军事科学中弹片在空气中与雨雾接触角的测定;石油开采过程中,注入添加剂与原油中固体前进角、后退角的测定;纳米材料与不同活性剂间湿润性的测定和研究;铝箔亲水角的测定;碳金属材料的纤维测定;研究水对粉体的润湿性,或者含不同添加剂的水对粉体的润湿性;等等。

接触角是指在气、液、固三相交点处所作的气-液界面的切线与固-液交界线之间的夹角,记为 θ,如图 10-1 所示。接触角 θ 是润湿程度的量度。若 $\theta < 90°$,则固体表面是亲水性的,即液体较易润湿固体,其角越小,表示润湿性越好;若 $\theta > 90°$,则固体表面是疏水性的,即液体不容易润湿固体,容易在表面上移动。

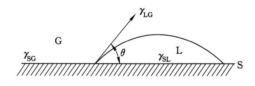

图 10-1　接触角 θ 示意图

这样,就可以用接触角 θ 的值来作为评定粉尘湿润性的指标。通常,当 $\theta \leqslant 60°$ 时为亲水性粉尘,如石英、方解石的 θ 值为 0°,石灰石粉的 $\theta = 60°$。当 $60° < \theta < 85°$ 时为湿润性差的粉尘,如滑石粉的 $\theta = 70°$,以及焦炭粉和经热处理的无烟煤粉等。当 $\theta > 90°$ 时为疏水性粉尘,如炭黑、煤粉等。

在除尘装备应用中,待除粉尘的湿润性指标是选用除尘设备和除尘剂(液)时要考虑的主要参数之一。对于湿润性好的亲水性粉尘,可选用普通水湿式除尘器,易于除尘,效果好。否则,应用湿式除尘器时还应加强液体(水)对粉尘的浸润效果处置,如加入某些湿润剂,减小固、液之间的表面张力,增加粉尘的亲水性,从而提高除尘效率。

接触角的实验测定方法通常有两种:其一为外形图像分析方法;其二为称重法。后者通常称为润湿天平或渗透法接触角仪。但目前应用最广泛,测值最直接和准确的还是外形图像分析方法。

外形图像分析法的原理为:将液滴滴于固体样品表面,通过显微镜头与相机获得液滴的外形图像,再运用数字图像处理和一些算法将图像中的液滴的接触角计算出来。计算方法通常基于一特定的数学模型如液滴可被视为球或圆锥的一部分,然后通过测量特定的参数如宽/高或通过直接拟合来计算得出接触角值。

测定接触角的方法有很多种,可根据直接测定的物理量不同分为四大类,即静滴法(角度测量法)、长度测量法、力测量法、浸润速度测量法。前三种适用于连续的平整的固体表面,后一种方法可用于粉末固体表面的接触角的测定。另外,按照测量时三相接触线的移动速率,还可分为静态接触角、动态接触角(又分前进接触角和后退接触角)和低速动态接触角。

其中,静滴法(角度测量法)是接触角测定的最常用方法。接触角可以在一个低倍显微镜上的目镜上安装一个量角器直接测量,也可以通过数字摄像机拍照后,传输到计算机中,在照片上测量。实际测量中,会观察到液滴在固体表面是逐渐铺展开的,即接触角是随着时间而变化的,经过很短的时间(几秒钟内),接触角接近一个稳定的值。再经过更长时间,受到重力、液体蒸发等因素的影响,接触角也会有变化。通过数字摄像机定时拍照功能(例如间隔 0.1 s),将照片存储起来,可以分析接触角的变化过程,一般而言,取稳定状态下的接触角作为最后的测量结果。如果液体蒸气在固体表面发生吸附,影响固体的表面自由能,则应把样品放入带有观察窗的密封箱中,待体系达到平衡后再测定。角度测量法的优点是液体样品用量少,仪器简单,测量方便,准确度一般在±1°左右,误差主要是和作切线的准确程度有关。

一、实验目的

(1)学习关于粉尘湿润性和接触角的背景知识,了解粉尘接触角测定常用方法和原理。

(2)学习并掌握接触角测量实验仪器的使用和操作步骤,并能正确测量多种粉尘样品的接触角数值。

(3)重点掌握并测量水或者含有添加剂的水与煤的静态接触角,以评价其对煤体的润湿性,为防治矿尘的危害提供科学依据。

二、实验仪器设备

本实验使用的仪器设备主要为 HARKE-SPCA 系列接触角测量仪器,可实现手动或全自动测量,即注液—针头下降—液滴形成—滴液—针头返回—间隔拍照—电影框展示等手动或全自动操作。其接触角测量范围为 0°~180°,测量精度为±0.01°。

实验仪器实物如图 10-2 和图 10-3 所示。其工作台可上下、左右、前后移动以及整体伸缩等。进样器可手动或自动微量进样及上下、左右精密移动。仪器配有一个高精度连续变倍显微镜,LED 光源亮度调节,具有独特的变倍不变焦功能。

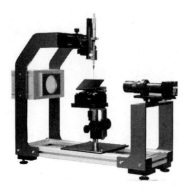
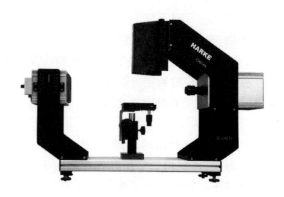

图 10-2　SPCA 手动接触角测量仪　　　　图 10-3　SPCA$_{X1}$全自动接触角测量仪

接触角测定的实验操作系统界面如图 10-4 所示。

图 10-4　接触角测定实验操作系统界面

三、实验测试操作步骤

(一)测试前的准备工作

(1)准备好表面平整、光洁的煤块样品,同时准备好该煤块样品的煤粉,并用压片机把煤粉压制成圆柱形实验样块,制成测量样品。

实验中,可以开展在不同压力下压制成的实验煤块的接触角数值对比分析实验。

(2)调整实验仪器底座旋钮,观察水平水准泡使之在中心,以便仪器处于水平状态。

(3)将仪器电源插头、CCD 电源插头、计算机插头分别插在多孔电源插座上,打开配套计算机。

打开光筒部分的电源,旋转光源旋钮进行亮度的调节。

(4)在计算机系统桌面上双击已安装好的软件图标，调用出接触角测定的实验操作系统界面。

单击"开启视频",通过电脑画面,调整工作台高度、调整滴液针头高度,使之处于界面的中间。CCD 部分还有对焦旋钮,观察界面是否清晰,调整即可。如图 10-5 所示。

(5)在"配置"菜单栏,"实验设置"子菜单的"实验参数设置"选项中,填入环境温度(带有温度控制单元附件的设备选填)、试样名称以及测试周期和采样间隔等,点击确定,如图

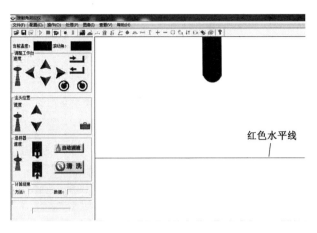

图 10-5 调整视频窗口及滴液针头

10-6 所示。如需实验过程全程录像,点击"实验过程中自动录像",方格中显示对勾即可。

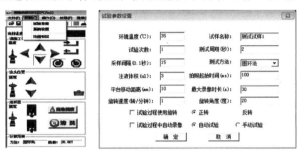

图 10-6 实验参数设置

（6）首次实验前,先点击"注液"键或"自动滴液"键从针头挤出液体,以防实验过程中出现气泡现象。

挤出 3 μL 即 0.003 mL 实验用的液体量,悬挂在针头上,如图 10-7 所示。

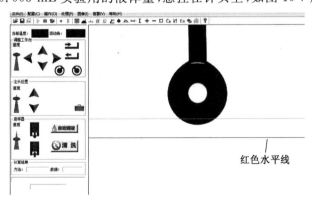

图 10-7 实验针头滴液

（二）实验样品测试步骤

（1）放置实验样品,待测。把被测实验样品放置在工作台上,调节工作台升降至界面上红色水平线。红色水平线可通过鼠标双击或使用键盘上下按钮调节,如图 10-8 所示。

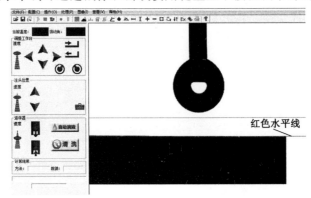

图 10-8   放置实验样品,调至红色水平线

(2) 下移滴液针头,液滴接触待测样品表面。点击针头下降图标,针头向下移动,液体接触被测样品时停止,使得液体落在待测实验样品表面,即可进行接触角的测量。

(3) 测量方法(推荐如下两种方法):

① 自动圆环法。点击"采集当前显示的图像"按钮,将画面采集下来。所有的采集画面全部默认保存在程序指定文件夹中,以时间命名。可定期清理。

此时的静态画面,点击菜单栏中的"处理"菜单,选择"自动圆环法",观察形成的圆形效果是否与液滴比较吻合,观察显示的接触角数值。

自动圆环法实验结果如图 10-9 所示。

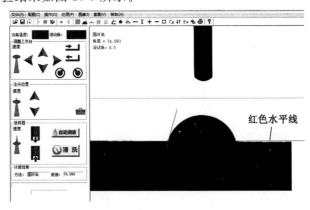

图 10-9   自动圆环法实验结果

② 手动基准线测量法。同样,对于已经点击"采集当前显示的图像"按钮采集下来的静态画面,单击菜单功能按钮中的"基准线测量法"按钮,进入手动基准线测量。

a. 选择基准线,即液滴与待测样品表面的接触线。

b. "三点法",鼠标分别点击液滴的 2 个下端点以及 1 个外圆边缘上的点,即可形成测量线,即可观察拟合圆效果和接触角数值。

手动基准线测量法实验结果如图 10-10 所示。

(4) 保存实验测量结果。鼠标右键保存图像,"文件"菜单中选择"另存为图像",即可命

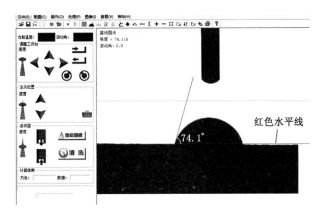

图 10-10　手动基准线测量法实验结果

名保存实验结果。

四、实验测试数据记录及思考

（一）实验数据的记录

（1）开展多组不同实验条件下的接触角测定实验,分别记录实验数据并进行对比分析。实验原始记录例表如表 10-1 所列。

表 10-1　　　　　　　　　　　实验样品的接触角实测原始数据

序号	样品类型	测量方法	实测 1	实测 2	实测 3	平均值
1	原始煤块	自动圆环法				
		手动基准线测量法				
2	煤粉压片实验样品 1(压片压力值:　　)	自动圆环法				
		手动基准线测量法				
3	煤粉压片实验样品 2(压片压力值:　　)	自动圆环法				
		手动基准线测量法				

（2）如使用自动间隔拍照功能,即从被测样品表面和湿润液滴接触开始立即间隔拍照,还可以记录、测量出不同时刻下接触角的变化数值。其实验记录表格如表 10-2 所列。

表 10-2　　　　　　　　　　实验样品的接触角随时间变化的实验数据

样品		Δt	$2\Delta t$	$3\Delta t$	$4\Delta t$	$5\Delta t$	$6\Delta t$	$7\Delta t$	$8\Delta t$	$9\Delta t$	$10\Delta t$
原始煤体	自动圆环法										
	手动基准线测量法										
压片煤粉(压力 1)	自动圆环法										
	手动基准线测量法										

样品		Δt	$2\Delta t$	$3\Delta t$	$4\Delta t$	$5\Delta t$	$6\Delta t$	$7\Delta t$	$8\Delta t$	$9\Delta t$	$10\Delta t$
压片煤粉 (压力 2)	自动圆环法										
	手动基准线 测量法										

其中 $\Delta t =$　　　　　　　　　压力 1=　　　　　　　　压力 2=

（二）实验思考题

（1）从被测样品和液滴接触开始，接触角随着时间是怎样变化的？为什么？

（2）原始煤体、不同压力下的压片煤粉的接触角是否相同？为什么？

（3）如果煤粉的粒度不同，在相同压力下制成的片状样品，其接触角会有何差异？

（4）阐述测定接触角的意义。

实验十一 煤尘爆炸性鉴定实验

〇、实验背景知识

煤尘是一种可燃粉尘,煤尘爆炸事故是威胁煤矿安全生产的重大灾害事故之一。煤尘发生爆炸的必要条件包括:① 煤尘本身具有爆炸性;② 煤尘悬浮于空气中并达到一定的浓度;③ 点火源;④ 环境中充足的氧含量。其中,煤尘具有爆炸性是可能发生煤尘爆炸事故的基本条件。煤尘可分为有爆炸性和无爆炸性两类。煤尘有无爆炸性必须经过有资质的检测检验机构开展煤尘爆炸性鉴定来确定。有煤尘爆炸性的煤尘还需要确定其火焰长度和抑制煤尘爆炸所需的最低岩粉用量两个参数。

《煤矿安全规程》第一百八十五条第一款明确规定:新建矿井或者生产矿井每延深一个新水平,应当进行 1 次煤尘爆炸性鉴定工作,鉴定结果必须报省级煤炭行业管理部门和煤矿安全监察机构。

各煤矿生产企业应根据煤尘爆炸性鉴定结果采取相应的安全技术措施来保障生产的安全,因此煤尘爆炸性鉴定及其结论是煤矿生产企业必须完成的工作和掌握的技术资料。同时,该内容也是安全科学与工程学科本科生的理论知识点和必修实验,通过实验的开展能够使学生掌握煤尘爆炸性鉴定方法和仪器设备的使用,加深对煤尘爆炸灾害的认识和防范意识。

煤尘爆炸性鉴定的方法是实验室大管状煤尘爆炸性鉴定法,依据的国家标准是《煤尘爆炸性鉴定规范》(AQ 1045—2007),使用的主要鉴定仪器是煤尘爆炸性鉴定装置。

一、实验目的

(1) 了解有关煤尘爆炸的知识和煤尘爆炸性鉴定的要求。

(2) 学习大管状煤尘爆炸性鉴定装置的工作原理和使用方法。

(3) 掌握煤尘爆炸性鉴定的步骤和实验操作,以及实验数据处理和鉴定结论的判定。

二、仪器设备

大管状煤尘爆炸性鉴定装置、电热鼓风干燥箱、架盘天平、干燥器、称量瓶、白铁盘等。

三、实验内容及方法

(一) 大管状煤尘爆炸性鉴定装置主要组成部分

大管状煤尘爆炸性鉴定装置结构示意图如图 11-1 所示,实体设备如图 11-2 所示,电气原理如图 11-3 所示。

大管状煤尘爆炸性鉴定装置由以下构件、仪器、设备组成:

(1) 弯管:内径为 7 mm,由不锈钢金属管制成。

(2) 试样管:长为 100 mm,内径为 9 mm,喷料口直径为 4.5～5 mm,由不锈钢金属材

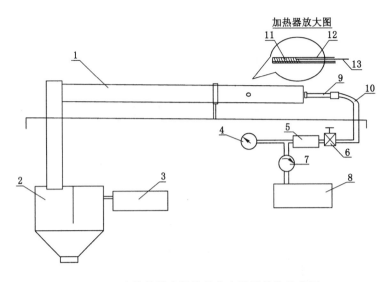

图 11-1　大管状煤尘爆炸性鉴定装置结构示意图

1——玻璃管;2——除尘箱;3——吸尘器;4——压力表;5——气室;6——电磁阀;

7——调节阀;8——微型空气压缩机;9——试样管;10——弯管;11——铂丝;12——加热器瓷管;13——热电偶

图 11-2　大管状煤尘爆炸性鉴定装置实体图

料制成。

(3) 玻璃管:内径为 75~80 mm,壁厚为 3~4 mm,长为 1 400 mm,由九五硬质料玻璃制成;在一端距管口 400 mm 处开一个直径为 12~14 mm 的小孔。

(4) 除尘箱:外形尺寸(长×宽×高)为 500 mm×200 mm×475 mm;内设有挡板。

(5) 吸尘器:电源电压为 220 V AC,频率为 50 Hz,功率为 1 000 W。

(6) 热电偶:长度 150 mm,直径 1.5 mm,K 分度型。

(7) 加热器:将铂丝沿瓷管的螺纹槽缠绕,铂丝之间的间隔距离为 1 mm,共缠绕 50~55 圈,缠绕段总长度比玻璃管的内径小 6 mm(每端的端点距管壁都为 3 mm),用铂丝将缠绕起点和终点捆牢,并将导丝的一端固定在起点上,另一端引出玻璃管,热电偶的接点插在瓷管内,位于加热丝的中部。

(8) 加热器瓷管:外径为 (3.8±0.2) mm,内径为 1.6~1.8 mm,长为 105 mm;在一端的 3 mm 处起,表面具有螺距为 1.3 mm、槽宽为 0.3 mm、槽深为 0.12~0.14 mm 的三角形

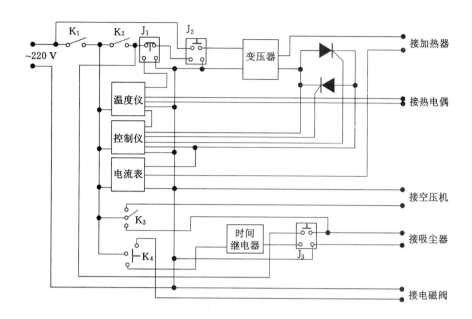

图 11-3　大管状煤尘爆炸性鉴定装置的电气原理图

螺纹槽,全长为 75 mm;在 1 200 ℃温度下不发生弯曲变形;不与盐酸发生化学反应。

(9) 铂丝:直径为 0.3 mm,长 1.1 m。

(10) 微型空气压缩机:电源电压为 220 V AC,频率为 50 Hz;额定压力为 1 MPa;额定流量为 0.3 m³/min。

(11) 电磁阀:电源电压为 220 V AC,频率为 50 Hz;额定压力 0.6 MPa。

气压表:表压为 0.25 MPa;精度为±2.5%FS。

(12) 气室:内径 40 mm,长 100 mm;额定承压压力 1 MPa。

(13) 电流表:电源电压为 220 V AC,频率为 50 Hz;最大输入电流为 10 A。

(14) 数字温度显示仪:电源电压为 220 V AC,频率为 50 Hz;0.3 级 PID 智能调节;双四位显示;模拟变送输出;上下限报警功能。

(15) 控制仪:电源电压为 220 V AC,频率为 50 Hz;移相控制范围为 0%～100%;移相贮存范围为 0%～100%;测量精度为 0.2%FS±1 字。

(16) 交流接触器:线圈电压为 220 V AC,频率为 50 Hz;触点容量为 10 A。

(17) 时间继电器:电源电压为 220 V AC,频率为 50 Hz;延时范围为 0～30 s。

(18) 交流变压器:线圈电压为 220 V AC,频率为 50 Hz;功率为 150 W;输入电压为 220 V AC,频率为 50 Hz;输出电压为 40 V AC,频率为 50 Hz。

(19) 可控硅:耐压 500 V;额定电流为 30 A。

(二) 其他仪器设备

(1) 电热鼓风干燥箱:电源电压为 220 V AC,频率为 50 Hz;恒温波动度为±1 ℃,能控制 105～110 ℃及 45～50 ℃的温度。

(2) 架盘天平:称量 100 g,感量 0.1 g。

(3) 干燥器:内径为 300 mm,附有带孔瓷板。

(4) 称量瓶:外径为 50 mm、高(除盖)为 30 mm 及外径为 30 mm、高(除盖)为 20 mm,均为扁圆形。

(5) 白铁盘:尺寸(长×宽×高)为 180 mm×120 mm×12 mm。

(三) 鉴定煤样的制备

1. 煤样的采取

(1) 采样总则:

① 以每一水平的每一煤层为单位,在新暴露的采掘工作面上采取煤样,由矿井的煤质和地质部门共同确定能代表该煤层煤质特性的地段为采样地点。

② 在煤田地质勘探钻孔的煤芯中采取每个煤层的煤样。

③ 采取的煤样中不包括矸石,在采样时混入煤样中的矸石也应除去。

④ 由受过专门训练的人员进行采样。

⑤ 装样容器上必须系上不易损坏和污染的煤样采样标签。

(2) 采样方法。

① 煤层煤样:

a. 首先平整煤层表面和扫净底板浮煤,然后沿着与煤层层理垂直的方向,由顶板到底板划两条直线,当煤层厚度在 1 m 以上时直线之间的距离为 100 mm,当煤层厚度在 1 m 以下时为 150 mm,在两条直线间采取煤样,刻槽深度为 50 mm。

b. 在底板上铺一块塑料布或其他防水布,收集采下的煤样,除去矸石后全部装入口袋内,运输中不得漏失。

c. 倾斜分层法开采厚煤层时,可在每个分层的回采工作面上按照刻槽法采取。

d. 水平分层法开采厚煤层时,沿煤层全厚,由上帮到下帮,在一条水平线上,按照刻槽法采取。

② 煤芯煤样:

a. 煤层厚度小于 2 m 时,以全煤层煤芯作为一个煤样;煤层厚度大于 2 m 时,以 1 m 左右划为一个人工分层,作为一个煤样。如果煤层很厚,当煤层上下部煤质有显著不同时,可将分层厚度减小。

b. 如果煤芯是一个整齐的煤柱,用水洗净后,可用劈岩机等方法沿纵轴方向劈开,取四分之一部分,剔除矸石。如果煤芯中不含矸石,也可在送煤质化验的二分之一煤柱中分取一半,也可在破碎好的煤样中直接缩取煤样。

c. 如果取出的煤芯不整齐,碎块较多或全为碎块时,应先用水洗净煤样,除去泥浆、钢砂及杂质等,干燥后分取四分之一部分。

2. 煤样的缩制

按照 GB 474—2008 对煤样进行缩制。对煤层煤样,在粒度小于 3 mm 的条件下缩取 0.8 kg;对煤芯煤样,在粒度小于 6 mm 的条件下缩取 0.8 kg;当质量不能满足要求时,可缩取 0.6 kg。

3. 煤样的包装

(1) 装袋。将缩制好的煤样分成两份,每份 0.4 kg(煤芯煤样不足时可取 0.3 kg),分别装在完好的厚塑料袋内,每个煤样袋内放入一份塑料薄膜包裹好的标签。将袋口封好,然后倒过头来,再套上一个塑料袋,再放入一份标签,封好袋口。

（2）装箱。将一式两份中的一个煤样袋装入木箱。木箱盖上要写有"鉴定煤样"字样。另一个煤样袋由供样单位保存，直至对鉴定结果无疑问时为止；如有疑问，可将此样寄出送检。

（四）鉴定试样及工业分析试样的制备

1. 设备及工具

鉴定试样及工业分析试样的制备由以下设备及工具完成：

（1）颚式破碎机：进料口尺寸（长×宽）为 100 mm×100 mm，最大进料粒度为 45 mm，出料粒度为 1～6 mm 可调，功率为 1.7 kW。

（2）密封式制样粉碎机：装料质量 100 g，装料粒度≤13 mm，出料粒度<0.2 mm。

（3）自动振筛机：应符合直径 200 mm 标准筛振筛的要求，在回转的同时进行振动。

（4）标准筛（分样筛）：筛子直径 200 mm，筛孔边长为 0.075 mm、0.2 mm 及 1 mm，并带筛底、筛盖。

（5）分样器：小型二分器。

（6）白铁盘：铁盘尺寸（长×宽×高）为 260 mm×140 mm×30 mm，由镀锌白铁皮制成。

（7）白铁铲：由镀锌白铁皮制成。

（8）毛刷：猪鬃毛刷。

（9）广口无色玻璃塞试剂瓶：容量为 250 mL 及 125 mL。

2. 鉴定试样与工业分析试样的缩分

先用颚式破碎机将煤样破碎到 1 mm 以下，然后用三分器将煤样缩分成三份，装在三个瓶中。第一份质量约为 80 g，装入 125 mL 广口玻璃瓶中，用以制备鉴定试样；第二份质量约为 50 g，装入 125 mL 广口玻璃瓶中，用以制备工业分析试样；第三份质量约为 150 g，装入 250 mL 广口玻璃塞瓶中，作为存查煤样。装有三份试样的瓶上要贴上标签。

3. 粉碎前煤样的干燥

缩分后的煤样，如果潮湿而难以粉碎时，应将煤样放入白铁盘中（煤样厚度不超过 10 mm），置于空气中晾干；或放在 45～50 ℃电热鼓风干燥箱内干燥，除去外在水分（以过筛时不糊筛网为准）。

4. 鉴定试样的粉碎

用密封式制样粉碎机对煤样缩制中的第一份煤样进行粉碎，并用振筛机和筛孔为 0.075 mm 的标准筛过筛，使其全部通过筛子，装入原瓶中，作为鉴定试样。

5. 鉴定试样的干燥

将鉴定试样放在白铁盘中（煤样厚度不大于 10 mm），置于电热鼓风干燥箱内，在 105～110 ℃温度下干燥 2 h，取出稍冷后放进装有硅胶的干燥器内，完全冷却后装入原瓶中备用。

6. 存查煤样的保存时间

存查煤样的保存时间，从发出实验报告之日算起，有爆炸性的煤样保存 3 个月，无爆炸性的煤样保存 1 年。保存 1 年的煤样，除瓶上必须贴有标签外，瓶内还应放入一个用塑料薄膜包好的标签。

7. 工业分析试样的粉碎及分析

用密封式制样粉碎机对煤样缩制中的第二份煤样进行粉碎，并用振筛机和筛孔为 0.2 mm

的标准筛过筛,使其全部通过筛子,装入原瓶中,作为工业分析试样,按 GB/T 212—2008 进行工业分析。

（五）岩石的采取与岩粉的制备

1. 岩粉原料的质量

采用石灰岩作为岩粉的原料,其化学成分应符合以下要求:不含砷,五氧化二磷含量不超过 0.01%,游离二氧化硅不超过 10%,可燃物不超过 5%,氧化钙不少于 45%。

2. 岩石的采取

（1）岩石采取总则:

① 采取的岩石要尽可能接近矿床的岩石性质。

② 应在新暴露的岩层面上或采落不久的岩石堆上采取。

③ 不得采取含有其他夹石的岩石。

④ 采取的岩石必须附有采取说明书,岩石采取说明书格式见《煤尘爆炸性鉴定规范》(AQ 1045—2007)附录 D。

（2）岩石的采取方法:

① 在露天采石场或巷道的岩层上,选择适当地点,用刻槽法采取。刻槽的规格为宽度：深度=2∶1,具体尺寸应根据采取量来定。如果用刻槽法采取有困难时,可用挖块法采取,在岩层上布置若干采石点,每点刨下 50～100 mm,每点采取的石块要尽量一样大。

② 在岩石堆采取岩石时,可用布点拣块法采取,将岩石堆表面分成若干格子,在每个格子内的表面层下 100～200 mm 处拣石块,石块尽量一样大。

3. 岩粉的制备

（1）岩石的粉碎。首先用颚式破碎机将岩石破碎到 6 mm 左右,掺匀后,缩分到所需的数量,然后再用密封式制样粉碎机粉碎,并用振筛机和筛孔为 0.075 mm 的筛子过筛,使其全部通过筛子,将过筛后的岩粉混合均匀,装在瓶中备用。

（2）岩粉的干燥。将岩粉放在白铁盘中(岩粉厚度不大于 10 mm),再置于电热鼓风干燥箱内,在 105～110 ℃温度下干燥 2 h,取出稍冷后放进装有硅胶的干燥器内,完全冷却后装入原瓶中备用。

（六）煤尘爆炸性鉴定的实验步骤

（1）打开装置电源开关,检查仪器工作是否正常。

（2）打开装置加热器升温开关,使加热器温度逐渐升至(1 100±1) ℃。

（3）用 0.1 g 感量的架盘天平称取(1±0.1)g 鉴定试样,装入试样管内,将试样聚集在试样管的尾端,插入弯管。

（4）打开空气压缩机开关,将气室气压调节到 0.05 MPa。

（5）按下启动按钮,将试样喷进玻璃管内,造成煤尘云。

（6）观察并记录火焰长度。

（7）同一个试样做 5 次相同的实验,如果 5 次实验均未产生火焰,还要再做 5 次相同的实验。

（8）做完 5 次(或 10 次)试样实验后,要用长杆毛刷把沉积在玻璃管内的煤尘清扫干净。

（9）对于产生火焰的试样,还要做添加岩粉实验:按估计的岩粉百分比用量配置总质量为 5 g 的岩粉和试样的混合粉尘,放在一个直径为 50 mm 的称量瓶内,加盖后用力摇动,混合均匀。然后称取 5 份各为 1 g 的混合粉尘,分别放在直径为 30 mm 的称量瓶内,逐个按上述实验步骤进行实验。在 5 次实验中,如有一次出现火焰(小火舌),则应重新配置混合粉尘,即在原岩粉百分比用量的基础上再增加 5%,继续实验,直至混合粉尘不再出现火焰为止。如果第一次配置的混合粉尘在 5 次实验中均未产生火焰,则应配置降低岩粉用量 5% 的混合粉尘,继续实验,直至产生火焰为止。

(10)对鉴定试样和添加岩粉的混合粉尘进行实验时,必须随时将实验结果记录在煤尘爆炸性鉴定原始记录表上。

(11)每实验完一个鉴定试样,要清扫一次玻璃管,并用毛刷顺着铂丝缠绕方向轻轻刷掉加热器表面上的浮尘,同时开动实验室的排风换气装置,进行通风,置换实验室内的空气。

(七)实验结果及报告编写

1. 实验结果的判定原则

(1)在 5 次试样实验中,只要有 1 次出现火焰,则该鉴定试样为"有煤尘爆炸性"。

(2)在 10 次鉴定试样实验中均未出现火焰,则该鉴定试样为"无煤尘爆炸性"。

(3)凡是在加热器周围出现单边长度大于 3 mm 的火焰(一小片火舌)均属于火焰;而仅出现火星,则不属于火焰。

(4)以加热器为起点向管口方向所观测到的火焰长度作为本次实验的火焰长度;如果这一方向未出现火焰,而仅在相反方向出现火焰时,应以此方向确定为本次实验的火焰长度。选取 5 次实验中火焰最长的 1 次的火焰长度作为该鉴定试样的火焰长度。

(5)在添加岩粉实验中,混合粉尘刚刚不出现火焰时,该混合粉尘中的岩粉用量百分比即为抑制煤尘爆炸所需的最低岩粉用量。

2. 实验报告

对实验试样进行煤尘爆炸性实验后,必须填写实验室煤尘爆炸性实验报告表,其实验报告表的格式及内容详见表 11-1。

表 11-1　　　　　　　　　　　实验室煤尘爆炸性实验报告表

测定日期:

来样编号					
执行标准	《煤尘爆炸性鉴定规范》(AQ 1045—2007)	大气压力		温度	湿度
仪器编号		仪器名称	大管状煤尘爆炸性鉴定装置	仪器状态	
实验次数	是否出现火焰	火焰长度/mm	未出现火焰继续实验次数	是否出现火焰	火焰长度/mm
第一次	□是　□否		第六次	□是　□否	
第二次	□是　□否		第七次	□是　□否	
第三次	□是　□否		第八次	□是　□否	

续表 11-1

实验次数	是否出现火焰	火焰长度/mm	未出现火焰继续实验次数	是否出现火焰	火焰长度/mm
第四次	□是　□否		第九次	□是　□否	
第五次	□是　□否		第十次	□是　□否	
五次(十次)实验中有产生火焰,则需开展添加岩粉的抑爆实验					
添加岩粉比例		％	添加岩粉比例		％
实验次数	是否出现火焰	火焰长度/mm	实验次数	是否出现火焰	火焰长度/mm
第一次	□是　□否		第一次	□是　□否	
第二次	□是　□否		第二次	□是　□否	
第三次	□是　□否		第三次	□是　□否	
第四次	□是　□否		第四次	□是　□否	
第五次	□是　□否		第五次	□是　□否	
添加岩粉比例		％	添加岩粉比例		％
实验次数	是否出现火焰	火焰长度/mm	实验次数	是否出现火焰	火焰长度/mm
第一次	□是　□否		第一次	□是　□否	
第二次	□是　□否		第二次	□是　□否	
第三次	□是　□否		第三次	□是　□否	
第四次	□是　□否		第四次	□是　□否	
第五次	□是　□否		第五次	□是　□否	
添加岩粉比例		％	添加岩粉比例		％
实验次数	是否出现火焰	火焰长度/mm	实验次数	是否出现火焰	火焰长度/mm
第一次	□是　□否		第一次	□是　□否	
第二次	□是　□否		第二次	□是　□否	
第三次	□是　□否		第三次	□是　□否	
第四次	□是　□否		第四次	□是　□否	
第五次	□是　□否		第五次	□是　□否	

参 考 文 献

[1] 国家安全生产监督管理总局,国家煤矿安全监察局.煤矿安全规程[M].北京:煤炭工业出版社,2016.

[2] 杨胜强.粉尘防治理论及技术[M].徐州:中国矿业大学出版社,2007.

实验十二　旋风除尘和振打袋式除尘实验

〇、实验背景知识

随着工业生产过程中机械化程度的提高,生产强度空前加大,在各种生产过程中均会产生大量粉尘,如矿产资源开发、金属和木材的加工、建材的生产和运输等。

粉尘的危害大体分为三类。第一类直接危害作业人员的身体健康,除了我们熟悉的尘肺病,粉尘还对人的眼睛、皮肤、耳朵等产生危害(酸性或碱性粉尘对角膜有腐蚀作用,可引起急性结膜炎,造成视力下降;某些粉尘颗粒在皮肤上沉积并经皮肤吸收,可刺激皮肤或引起皮肤病,砷及其化合物可引起皮肤癌;粉尘进入外耳道可形成耳垢栓塞,侵入咽喉部的粉尘又能引起鼓膜炎等),甚至还能导致癌症(致癌的粉尘大部分是化学粉尘,如沥青、砷化合物、铬酸盐、石棉、铀矿粉尘及其他放射性物质可引起肺癌、肝癌等)。第二类危害是当粉尘浓度较大时影响视野,容易造成人身事故,该现象在封闭的作业空间表现尤为明显,如煤矿井下,工作面采煤过程中粉尘浓度大,会影响作业人员的操作准确度,容易造成误操作。第三类危害是可燃性粉尘在空气中达到一定浓度后,遇到明火或高温容易发生粉尘爆炸,如煤尘爆炸、面粉爆炸、镁粉爆炸等。

为贯彻"安全第一、预防为主、综合治理"的安全生产方针,防治粉尘危害,作业环境的除尘工作是必不可少的。除尘大体可以分为两大类:干式除尘和湿式除尘,其中旋风除尘和袋式除尘是工业场所中常用的两种干式除尘方式。因此,本实验项目将学习旋风除尘和振打袋式除尘的工作原理和除尘效率的影响因素。

一、实验目的和意义

(1)通过对旋风除尘器、袋式除尘器的除尘效率和压力损失进行测定,进一步提高对旋风除尘器、袋式除尘器结构形式和除尘机理的认识。

(2)通过本实验,掌握旋风除尘器、袋式除尘器主要性能的实验研究方法,并了解旋风除尘器、袋式除尘器压力损失及除尘效率的影响因素。

(3)掌握管道内的风量和除尘效率的算法。

二、仪器设备

(一)旋风除尘器

旋风除尘器是利用旋转气流所产生的离心力将尘粒从含尘气流中分离出来的除尘装置,其示意图如图 12-1 所示,其实物如图 12-2 所示。旋转气流的绝大部分沿器壁自圆桶体呈螺旋状由上向下向圆锥体底部运动,形成下降的外旋含尘气流,在强烈旋转过程中所产生的离心力将密度远远大于气体的尘粒甩向器壁,尘粒一旦与器壁接触,便失去惯性力而靠入口速度的动量和自身的重力沿壁面下落进入集灰斗。旋转下降的气流在到达圆锥体底部后,沿除尘器的轴心部位转而向上,形成上升的内旋气流,并由除尘器的排气管排出。

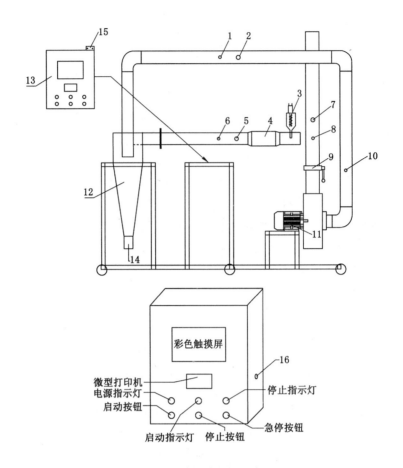

图 12-1　旋风除尘器示意图

1——静压测点;2——温湿度检测仪;3——自动发尘装置;4——气体混合罐;5——进气粉尘检测点;6——静压测点;
7——出气粉尘检测点;8——毕托管(风速测量);9——手动风阀;10——粉尘抽气口;11——风机(配变频器);
12——旋风除尘器;13——控制电箱;14——卸灰斗;15——压差传感器;16——发尘调节旋钮

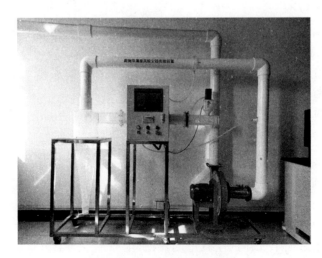

图 12-2　旋风除尘器实物图

自进气口流入的另一小部分气流,则向旋风除尘器顶盖处流动,然后沿排气管外侧向下流动,当达到排气管下端时,即反转向上随上升的中心气流一同从排气管排出,分散在其中的尘粒也随同被带走。旋风式除尘器系利用含尘气体的流动速度,使气流在除尘装置内沿某一定方向做连续旋转运动,粒子在随气流的旋转中获得离心力,导致粒子从气流中分离出来。

旋风除尘器的各个部件都有一定的尺寸比例,每一个比例关系的变动都能影响旋风除尘器的效率和压力损失,其中除尘器直径、进气口尺寸、排气管直径为主要影响因素。

1. 圆筒体直径和高度

圆筒体直径是构成旋风除尘器的最基本尺寸。旋转气流的切向速度对粉尘产生的离心力与圆筒体直径成反比,在相同的切线速度下,筒体直径 D 越小,气流的旋转半径越小,粒子受到的离心力越大,尘粒越容易被捕集。因此,应适当选择较小的圆筒体直径。但若筒体直径选择过小,器壁与排气管太近,粒子又容易逃逸;筒体直径太小还容易引起堵塞,尤其是对于黏性物料。当处理风量较大时,因筒体直径小处理含尘风量有限,可采用几台旋风除尘器并联运行的方法解决。并联运行处理的风量为各除尘器处理风量之和,阻力仅为单个除尘器在处理它所承担的那部分风量的阻力。但并联使用制造比较复杂,所需材料也较多,气体易在进口处被阻挡而增大阻力,因此,并联使用时台数不宜过多。

筒体总高度是指除尘器圆筒体和锥筒体两部分高度之和。增加筒体总高度,可增加气流在除尘器内的旋转圈数,使含尘气流中的粉尘与气流分离的机会增多,但筒体总高度增加,外旋流中向心力的径向速度使部分细小粉尘进入内旋流的机会也随之增加,从而又降低除尘效率。筒体总高度一般以 4 倍的圆筒体直径为宜,锥筒体部分,由于其半径不断减小,气流的切向速度不断增加,粉尘到达外壁的距离也不断减小,除尘效果比圆筒体部分好。因此,在筒体总高度一定的情况下,适当增加锥筒体部分的高度,有利于提高除尘效率。一般圆筒体部分的高度为其直径的 1.5 倍,锥筒体高度为圆筒体直径的 2.5 倍时,可获得较为理想的除尘效率。

2. 排气管直径和深度

排风管的直径和插入深度对旋风除尘器除尘效率影响较大。

排风管直径必须选择一个合适的值。排风管直径减小,可减小内旋流的旋转范围,粉尘不易从排风管排出,有利于提高除尘效率,但同时出风口速度增加,阻力损失增大;若增大排风管直径,虽阻力损失可明显减小,但由于排风管与圆筒体管壁太近,易形成内、外旋流"短路"现象,使外旋流中部分未被清除的粉尘直接混入排风管中排出,从而降低除尘效率。一般认为排风管直径为圆筒体直径的 0.5~0.6 倍为宜。

排风管插入过浅,易造成进风口含尘气流直接进入排风管,影响除尘效率;排风管插入深,易增加气流与管壁的摩擦面,使其阻力损失增大,同时,使排风管与锥筒体底部距离缩短,增加灰尘二次返混排出的机会。排风管插入深度一般以略低于进风口底部的位置为宜。

(二) 振打袋式除尘器

袋式除尘器是利用有机或无机纤维作为过滤材料,将含尘气体中的固体粉尘通过过滤而分离出来的一种高效除尘设备,因过滤材料多做成袋形而得名。袋式除尘器按照清灰方式的不同分为机械振动类(振打袋式)、分室反吹类、喷嘴反吹类、脉冲喷吹类等,本实验项目重点介绍的则是机械振动类袋式除尘器,又称为振打袋式除尘器,其示意图如图 12-3 所示,实物如图 12-4 所示。

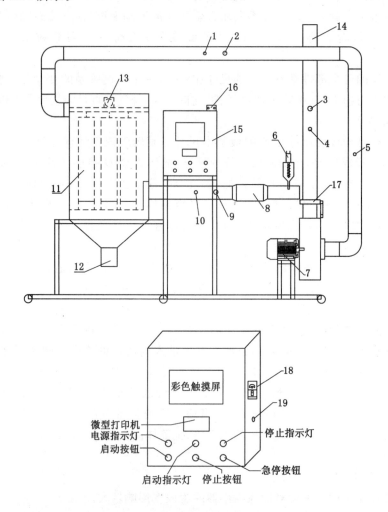

图 12-3　振打袋式除尘器示意图

1——静压测点;2——温湿度检测仪;3——出气检测点;4——毕托管(风速测定);5——粉尘抽气点;
6——自动发尘装置;7——风机(配变频器);8——气体混合罐;9——进风口粉尘测量点;10——静压测点;
11——布袋;12——卸灰斗;13——振打电机;14——出气口;15——控制电箱;16——压差传感器;17——手动风阀;
18——振动电机调节仪;19——发尘旋钮调节仪

袋式除尘器的优点:除尘效率高,特别对于细微粉尘也有较高的除尘效率,一般可达99%;结构简单,可以直接采用简易袋式除尘器,维护简单;工作稳定性强,便于回收干料,没有污泥处理、腐蚀等问题;使用灵活,处理风量范围大,可以做成小型除尘机组,也可以做成大的除尘室。

袋式除尘器的缺点:应用范围受到滤料耐温、耐腐蚀性能的限制,特别是在耐高温性能方面;不宜处理湿度大的含尘气流,以及黏结性强、吸湿性强的粉尘;滤料需要定期更换,更换时作业环境差,且增加了设备的运行维护费用。

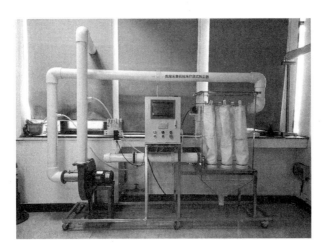

图 12-4　振打袋式除尘器实物图

三、实验内容及操作方法

（一）旋风除尘器除尘实验

（1）制备实验需要的粉尘。根据实验需要用破碎机（图 12-5）破碎煤粉、岩粉或木材粉末，并将破碎后的粉末筛分存储在不同的样品瓶中，如图 12-6 所示。

图 12-5　小型破碎机

（2）清扫除尘系统中的残余粉尘，检查设备系统外况和电路连接是否正常。为避免不同种类的粉尘实验的相互影响，在实验开始前，需要将粉尘分布器中的残余粉尘清理掉，然后检查各个监测气压和粉尘浓度的管路连接是否完好，电路连接是否完好。

（3）打开电控箱，合上漏电保护器开关，给设备通电，点击控制电箱（图 12-7）左下角的电源启动键，启动实验系统。点击控制电箱触摸屏（图 12-8）上的"风机控制"和"粉尘分布器控制"，检查风机和粉尘分布器是否运转正常，检查各个传感器是否能够正常监测数据，检查完成后将风机和粉尘分布器处于关闭状态。

（4）调节手动风阀（图 12-9）处于关闭状态，启动触摸屏上的风机控制开关，启动风机。将手动风阀调至 30°，将之前制备好的 40～80 目的粉尘样本加入粉尘分布器中，然后启动

图 12-6　粉尘样品

图 12-7　旋风除尘器控制电箱

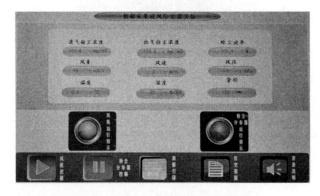

图 12-8　旋风除尘器触摸屏控制界面

粉尘分布器,将加尘速度调至中速后固定,不再改变加尘速度。

(5)读取触摸屏上系统采集到的粉尘浓度、除尘效率、风量、风压等信息,并记录到表

图 12-9　手动调节阀门

12-1 中,也可以启动打印机,将相关数据打印出来。记录完成后,保持粉尘分布器加尘速度不变,调节手动调节阀到 45°和 60°分别再进行实验,然后分别将粉尘浓度、除尘效率、风量、风压等信息记录到表 12-1 中。

表 12-1　　　　　　　　　　　旋风除尘器实验数据记录表

粉尘种类/粒径		环境温度		环境湿度	
阀门角度	进气粉尘浓度	出气粉尘浓度	除尘效率	风量	风压
30°					
45°					
60°					

　　(6)清空粉尘分布器中残余的粉尘,重新加入 120～160 目的粉尘,将手动调节阀分别调至 30°、45°和 60°再次进行实验,记录相应的数据,对比分析同一种类、不同粒径的粉尘在旋风除尘器的除尘效率。

　　(7)实验完毕后依次关闭粉尘分布器、风机、电箱电源开关、漏电保护器开关,待设备完全停止运转后,清理卸灰斗中的粉尘。

　　(二)振打袋式除尘器除尘实验

　　(1)制备实验需要的粉尘,步骤同上。

　　(2)清扫除尘系统中的残余粉尘,检查设备系统外况和电路连接是否正常,步骤同上。

　　(3)打开电控箱,合上漏电保护器开关,给设备通电,点击控制电箱(图 12-10)左下角的电源启动键,启动实验系统。点击控制电箱触摸屏(图 12-11)上的"风机控制"和"粉尘分布器控制",检查风机和粉尘分布器是否运转正常,检查各个传感器是否能够正常监测数据,检查完成后将风机和粉尘分布器处于关闭状态。

　　(4)调节手动风阀处于关闭状态,启动触摸屏上的风机控制开关,启动风机,启动振打电机(图 12-12),频率调至 30 Hz。将手动风阀调至 30°,将之前制备好的 40～80 目的粉尘样本加入粉尘分布器中,然后启动粉尘分布器,将加尘速度调至中速后固定,不再改变加尘

图 12-10　振打袋式除尘器控制电箱

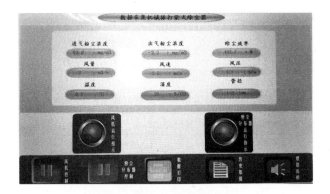

图 12-11　振打袋式除尘器触摸屏控制界面

图 12-12　振打电机开关

速度。

（5）读取触摸屏上系统采集到的粉尘浓度、除尘效率、风量、风压等信息，并记录到表12-2中，也可以启动打印机，将相关数据打印出来。记录完成后，保持粉尘分布器加尘速度不变，调节手动调节阀到45°和60°分别再进行实验，然后分别将粉尘浓度、除尘效率、风量、风压等信息记录到表12-2中。

表 12-2　　　　　　　　　　　振打袋式除尘器实验数据记录表

粉尘种类/粒径		环境温度		环境湿度	
阀门角度	进气粉尘浓度	出气粉尘浓度	除尘效率	风量	风压
30°					
45°					
60°					

（6）清空粉尘分布器中残余的粉尘，重新加入120～160目的粉尘，将手动调节阀分别调至30°、45°和60°再次进行实验，记录相应的数据，对比分析同一种类、不同粒径的粉尘在袋式除尘器的除尘效率。

（7）实验完毕后依次关闭粉尘分布器、风机、电箱电源开关、漏电保护器开关，待设备完全停止运转后，清理卸灰斗中的粉尘。

四、实验记录与分析

（1）掌握两种除尘器的工作原理。

（2）记录同一种类、不同粒径的粉尘在不同风门角度的粉尘浓度、除尘效率、风量、风压等数据。

（3）比较两种除尘器的除尘特点和除尘效率影响因素，如粉尘粒径对除尘效率的影响、风门开启角度（风量）对除尘效率的影响。

参 考 文 献

[1] 上海大有仪器设备有限公司.数据采集型机械振打袋式除尘器说明书[Z].上海:上海大有仪器设备有限公司.

[2] 上海大有仪器设备有限公司.数据采集型旋风除尘器说明书[Z].上海:上海大有仪器设备有限公司.

[3] 杨胜强.粉尘防治理论及技术[M].徐州:中国矿业大学出版社,2007.

实验十三　比表面积和孔径分布测定实验

〇、实验背景知识

多孔材料因其具有高孔隙率、高比表面积等优点，广泛用于消音降噪、过滤分离、反应催化、能量存储以及人体骨骼组织生长等许多领域，因此了解和熟悉多孔材料的比表面积和孔隙形貌，对研究其吸附、催化、力学性能等都具有重要意义。

多孔材料比表面积和孔径分布的测量方法主要包括惰性气体物理吸附法、压汞法、电子-光学显微图像分析、中子-X 射线散射等，其测量原理和适用范围各不相同。其中惰性气体物理吸附法是目前测试多孔材料比表面积的最常用方法之一，是让一种吸附质分子吸附在待测粉末样品（吸附剂）表面，根据吸附量的多少来评价待测粉末样品的比表面积及孔隙分布大小。根据吸附质的不同，吸附法分为低温氮吸附法、吸碘法、吸汞法和吸附其他分子方法。以氮分子作为吸附质的氮吸附法由于需要在液氮温度下进行吸附，又叫低温氮吸附法，这种方法中使用的吸附质——氮分子性质稳定、分子直径小、安全无毒、来源广泛，是理想的且是目前主要的吸附法比表面积及孔径分布测试吸附质。

一、实验目的

(1) 了解低温氮吸附法测定多孔材料的比表面积和孔径分布的原理。

(2) 熟悉仪器的实际操作过程和软件使用方法。

(3) 掌握全自动比表面积及孔径测定仪测定比表面积和孔径分布的方法。

(4) 学会分析实验结果和数据。

二、实验仪器及试剂

(1) 全自动比表面积及孔径测定仪。

(2) 真空干燥箱。

(3) 分析天平，分度值为 0.1 mg。

(4) 液氮、高纯度氮气（99.999%）、高纯度氩气（99.999%）。

全自动比表面积及孔径测定仪如图 13-1 所示，主要由 4 个分析站、一套独立的压力系统和一套联机的数据处理系统组成。此仪器采用低温静态容量法等温物理吸附的原理，以被测样品为吸附剂，气体为吸附质，在恒定温度和不同压力条件下分别进行吸附和脱附，测得不同压力下的平衡吸附量和脱附量即得到吸附—脱附等温曲线。由数据处理软件对吸附—脱附等温曲线进行分析，可获得吸附剂的比表面积和孔径分布信息。此仪器结构紧凑、操作简单，适合于含大量中孔和微孔的材料测试分析（比表面积范围：0.000 5 m^2/g～无上限；孔径范围：0.35～500 nm）。

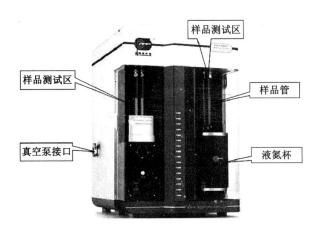

图 13-1　全自动比表面积及孔径测定仪

三、测试原理

（一）BET 比表面积的测定原理

若气体在 1 g 吸附剂的内、外表面形成完整的单分子吸附层就达到饱和，那么只要将该饱和吸附量（吸附质分子数）乘以每个吸附质分子在吸附剂表面上占据的面积，就可求得吸附剂的比表面。朗缪尔于 1916 年提出的单分子层吸附理论就被应用于测定固体比表面。1938 年，布龙瑙尔（Brunauer）、埃梅特（Emmett）及特勒（Teller）（简称 BET）三人将朗缪尔吸附理论推广到描述多分子层吸附现象，进而建立了 BET 多分子层吸附理论，推导出 BET 公式如下：

$$\frac{p/p_0}{V(1-p/p_0)} = \frac{1}{V_m \cdot C} + \frac{C-1}{V_m \cdot C} \cdot \frac{p}{p_0} \qquad (13\text{-}1)$$

式中　p——平衡压力即氮气分压，Pa；

p_0——吸附平衡温度下液态氮的饱和蒸气压，Pa；

V——平衡时的吸附量，mL；

V_m——每千克吸附剂表面上形成一个单分子层时的饱和吸附量，cm³；

C——与温度、吸附热和气体液化热有关的常数。

当相对压力 p/p_0 在 $0.05 \sim 0.35$ 范围内时，吸附等温线通常是呈线性的，通过实验测定一系列的 p 和 V 数据，然后以 $\dfrac{p/p_0}{V(1-p/p_0)}$ 对 p/p_0 作图可得一直线，其斜率 $m = \dfrac{C-1}{V_m \cdot C}$，$I = \dfrac{1}{V_m \cdot C}$，从而可得：$V_m = \dfrac{1}{m+I}$。其 BET 原理图如图 13-2 所示。

进一步可求得固体的比表面 S 为：

$$S = A \times N_A \times \left(\frac{\rho \times V_m}{M} \right) \qquad (13\text{-}2)$$

式中　S——比表面，即 1 kg 吸附剂具有的总面积，m²/kg；

N_A——阿伏伽德罗常数；

ρ——吸附质密度，kg/m³；

M——吸附质的分子量，g/mol；

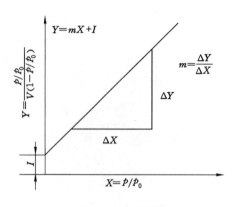

图 13-2　BET 图

A——每个吸附质分子的截面积，nm^2。

（二）孔径测试原理

根据 ISO15901—3:2007 定义 3.10，依据孔尺寸大小，固体表面的细孔可分为三类：微孔（孔尺寸小于或约等于 2 nm 的孔）、介孔（孔尺寸介于 2~50 nm 之间的孔）、大孔（孔宽大于 50 nm 的孔）。

气体吸附法孔径分布 BJH 测定利用的是毛细凝聚现象和体积等效代换的原理，即以被测孔中充满的液氮量等效为孔的体积。

由毛细凝聚理论可知，在不同的 p/p_0 下，能够发生毛细凝聚的孔径范围是不一样的，随着 p/p_0 值增大，能够发生凝聚的孔半径也增大。对应于一定的 p/p_0 值，存在一临界孔半径 R_k，小于 R_k 的所有孔皆发生毛细凝聚，液氮在其中填充，大于 R_k 的孔皆不会发生毛细凝聚，液氮不会在其中填充。临界半径可由凯尔文方程给出：

$$R_k = -0.414/\lg(p/p_0) \tag{13-3}$$

式中，R_k 称为凯尔文半径，它完全取决于相对压力 p/p_0。

凯尔文公式也可以理解为对于已发生凝聚的孔，当压力低于一定的 p/p_0 时，半径大于 R_k 的孔中凝聚液将汽化并脱附出来。

依据毛细管凝聚理论，借助于圆柱孔模型，将所有孔隙按孔径分为若干孔区，这些孔区由大到小排列。当 $p/p_0 = 1$ 时，由公式（13-3）可知，$R_k = \infty$ 时，所有的孔中都充满了凝聚液；当相对压力由 1 逐级变小，每次大于该级对应孔径孔中的凝聚液将被脱附出来，直至压力降低至 0.4 时，可得每个孔区中孔的体积。综上所述，在气体相对压力在 0.4 到 1 的范围中，测定等温吸（脱）附线，通过不同的理论方法可得出其孔容积和孔径分布曲线，最常用的计算方法是采用 BJH 理论，通常称之为 BJH 孔容积和孔径分布。

四、实验操作

（一）称样

（1）取一 100 mL 烧杯，将天平归零，将样品管立于烧杯中，称量空样品管 2~3 次，取平均值 M_1。

（2）将样品沿着漏斗倒入样品管的下部球体中，称量样品与样品管的总质量 M_2。

（二）样品预处理

由于吸附法测定的关键是使吸附质能够有效地吸附在被测样品的表面或填充于孔隙

中,因此样品的颗粒表面是否干净至关重要。样品预处理的目的是让非吸附质分子占据的表面尽可能地被释放出来,所以固体表面的性质与样品的预处理紧密相关,应仔细研究并控制预处理条件,避免在预处理过程中改变固体的表面性质和内部结构。常规样品一般可通过真空干燥箱对其进行预处理,其温度、真空度的选择应符合规定要求。

温度:首先处理温度必须在样品能够承受的温度范围内。预处理温度过低,不能充分除去吸附水和孔内的其他吸附分子;温度过高,容易发生羟基间的缩聚脱水,或发生烧结引起孔和表面的变化。通常最低温度是 105 ℃,一般处理温度在 105～300 ℃之间;若被测试样品含水量超过 10%,建议在烘箱加热 1 h 后再放到仪器上进行样品预处理,以保护和延长仪器使用寿命。

真空:为了提高效率并且防止个别样品被氧化,在烘干过程中抽真空,时间一般为 3～5 h。

对于同种样品建议处理条件统一。如样品处理条件不同,会引起测量误差,导致结果有所偏差。

（三）样品测试

（1）预处理结束后,再次称量样品+空管质量 M'_2,计算样品质量 $M=M'_2-M_1$。

（2）称量完成后,在样品管中加入填充棒,并将样品管穿上螺母套和密封圈后插进接头中,用内螺母将密封圈顶置接头上端面,用手旋紧螺母。

（3）打开仪器电源,开启氮气、氦气减压阀至分压值均为 0.1 MPa。

（4）打开计算机、调用 V-Sorb 4800 程序,软件工作界面如图 13-3 所示,工作界面分为实验工作区Ⅰ、实验控制区Ⅱ、实验状态区Ⅲ、日志区Ⅳ四个部分。

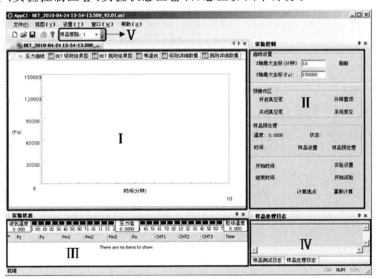

图 13-3　软件工作界面

① 实验工作区Ⅰ显示实验的进行过程以及最终结果,包括测试结果压力曲线、等温线、BET 曲线、吸脱附详细数据等。

② 实验控制区Ⅱ分为以下四个部分:

曲线设置:根据实验者的需求可对横纵坐标进行修改,方便观察。

预操作区：可对真空泵和升降台进行实验前或实验后的操作。

样品预处理：可对样品进行预处理参数设置，如处理时间、处理温度等。

样品测试：对待测样品进行测试参数设置以及记录样品简要的信息，如测试开始时间，结束时间等。

③ 实验状态区Ⅲ：记录实验过程中的主要参数值，如压力值、温度值、时间值等。

④ 日志区Ⅳ：记录样品处理或测试的详细信息，包括样品处理日志和样品测试日志。

（四）比表面积测试参数设置

在软件工作界面的实验控制区Ⅱ，点击参数设置按钮，出现参数设置对话框，如图 13-4 所示。

测试区：选择"BET 比表面积测试"。

吸附质参数区：气体类型选择"$N_2 + He$"。

样品参数区：输入名称、质量。

修正参数区：取默认值。

测试参数区：依次推荐选取模式分别为 p/p_0 选点（推荐取点）、p_0 值测定（固定预值）、充抽气方式（智能计算）、液氮面控制（启用），选择"仅吸附实验"，选择"自动回填充气"。

实验信息区：填写完整数据便于文件名形成以及后期查阅。

所有参数设置完成后，点击"保存"。

图 13-4　比表面积参数设置界面

弹出"参数设置"对话框，检查无误后点击"开始实验"，实验开始，如图 13-5 所示。

实验开始后，软件将自动运行抽真空、管体积标定，待体积标定结束后，出现提醒"请将液氮杯放置于托盘上"对话框，手动将液氮杯放置于托盘后，点击"是"，液氮杯上升，系统将自动完成后续实验至结束。

图 13-5　开始实验参数设置对话框

（五）孔径分布测试参数设置

孔径分布参数设置界面如图 13-6 所示。

测试区：选择"孔径分布测定"。

吸附质参数区：气体类型选择"N_2+He"。

样品参数区：选择对应的管路，输入样品名称和样品质量。

修正参数区：取默认值。

测试参数区：p/p_0选点（推荐取点）、p_0值测定（实际测定）、充抽气方式（智能计算）、液氮面控制（启用），选择"自动回填充气"。

实验信息区：填写正确的实验信息，便于后期归档和查询。

图 13-6　孔径分布参数设置界面

保存后，点击开始实验，实验依次进行预抽真空、管体积标定，待体积标定结束后，出现提醒"请将液氮杯放置于托盘上"对话框，手动将液氮杯放置于托盘后，点击"是"，液氮杯上升，实验将继续进行液氮面体积标定、吸附实验、脱附实验、回填充气至实验结束。

五、注意事项

（1）安装样品管前注意检查样品管管口和全身无缺口和裂痕，确保样品管密封圈清洁干净，安装过程中小心谨慎，安装后确保不漏气。

（2）在样品预处理或者测试时确保样品管的安装管路与实验界面所选择相对应,否则发生抽大气会造成严重后果。

（3）样品处理和样品测试前须加海绵塞,以免样品在脱气过程中污染管路,造成仪器损坏。

（4）填充玻璃棒放入样品管时要倾斜慢放,以免碰坏样品管底部。

（5）实验结束后请将液氮杯中残留液氮倒出,并将液氮杯倒扣在桌面上。

六、数据记录与处理

（1）请将实验过程中被测样品质量、样品脱气温度、脱气时间、吸附气体的种类、吸附温度及测试时间等实验参数填入表 13-1 中。

表 13-1　　　　　　　　　　　　　数据记录表

序号	参数名称	数据
1	样品质量 M/g	
2	处理温度/ ℃	
3	抽气时间/h	
4	测试方法	
5	环境温度/ ℃	
6	比表面积/(m^2/g)	
7	孔径分布	

（2）从数据系统中选择报告文件观察吸附、脱附曲线形状,分析其曲线类型。

（3）分析吸附曲线与 BET 数据之间的关系。

（4）根据吸附、脱附数据利用 BJH 理论分析样品的孔径分布。

七、讨论与思考

（1）BET 法计算比表面积为何需选取相对压力为 $0.05\sim0.35$ 范围内的吸附量?

（2）根据测试结果分析讨论样品孔隙结构分布的类型。

（3）为什么吸附过程要在液氮中进行?

参 考 文 献

[1] 王海,宋小平,刘俊杰,等. 多孔和高分散材料比表面积、孔结构标准物质研究进展[J]. 中国粉体技术,2008,14(3):52-55.

[2] 赵振国. 吸附作用应用原理[M]. 北京:化学工业出版社,2005.

实验十四　直接法瓦斯含量测定实验

○、实验背景知识

矿井瓦斯是影响煤矿安全生产的主要因素之一,瓦斯问题已成为制约矿井生产能力、影响矿井安全和经济效益的重大问题,其含量的测定是评价煤层开采风险的重要手段与依据之一。

煤层瓦斯含量的测定方法分为直接测量和间接测量,因直接法克服了间接法费时、工程量大且受地质条件限制等缺点,在研究煤层瓦斯赋存规律、预测瓦斯涌出量、对抽采瓦斯的效果进行评价以及对突出危险性区域进行预测和验证方面得到了广泛的应用。

DGC 直接法瓦斯含量测试装置是根据《煤层瓦斯含量井下直接测定方法》(GB/T 23250—2009)设计的专门用于直接测量煤层瓦斯含量的装置,是一套实验室结合井下使用的成套测定设备,由井下测定装置和地面测定装置组成,分为井下取芯与井下解吸系统、地面常压瓦斯解吸系统、称重系统、煤样破碎系统、水分测定系统和数据处理系统,是目前测定精度高、速度快的煤层瓦斯含量(W)及可解吸瓦斯含量(W_m)测定设备。该装置具有测定工程量小、操作简单、维护量小、使用安全等特点。

一、实验目的

(1) 熟悉 DGC 直接法瓦斯含量测试系统的组成结构及工作原理。

(2) 学习使用 DGC 直接法瓦斯含量测试系统测定煤层瓦斯含量。

二、测试仪器

DGC 直接法瓦斯含量测试装置主要由以下部分组成:

(1) 煤样罐:罐内径大于 60 mm,容积足够装煤样 400 g 以上,在 1.5 MPa 气压下保持气密性,如图 14-1 所示。

(2) 空盒气压计,如图 14-2 所示。

(3) 秒表。

(4) 温度计:0～50 ℃。

(5) 地勘瓦斯解吸仪,如图 14-3 所示。

(6) 常压自然解吸测定装置,如图 14-4 所示。

(7) 破碎机,如图 14-5 所示。

(8) 天平:量程不小于 1 000 g,感量不大于 1 g。

(9) 工业分析仪(用于水分测定),如图 14-6 所示。

三、工作原理

该测定装置将煤层瓦斯含量分为井下瓦斯损失量 W_1、常压瓦斯解吸量 W_2、粉碎瓦斯

图 14-1　煤样罐

图 14-2　空盒气压计

图 14-3　地勘瓦斯解吸仪

图 14-4　地面瓦斯解吸仪

图 14-5　破碎机

图 14-6　工业分析仪

解吸量 W_3 和常压瓦斯残存量 W_c。

通过向煤层施工取样钻孔,通过井下取样系统将煤芯从煤层深部取出,及时封入煤样罐中;井下进行煤样瓦斯解吸速度测定以及损失时间的记录,依据解吸规律进行瓦斯损失

量 W_1 的计算;把装有煤样的煤样罐带到实验室进行常压解吸,测量从煤样罐中释放出的瓦斯量 W_{22},与井下测量的瓦斯解吸量 W_{21},计算煤芯瓦斯解吸量 W_2;称量煤样总质量后称取二次煤样进行常压粉碎解吸,并以此计算粉碎瓦斯解吸量 W_3,则可解吸瓦斯含量 W_a 为:$W_a = W_1 + W_2 + W_3$。采用朗缪尔公式计算残存瓦斯量 W_c,则可得出煤层瓦斯含量 $W = W_a + W_c$。其测试原理及流程如图 14-7 所示。

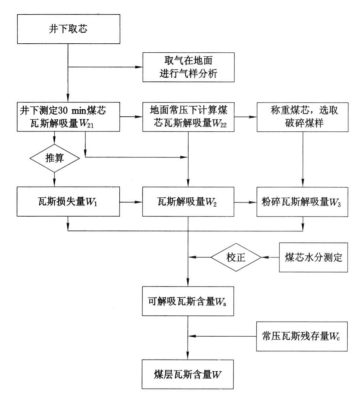

图 14-7　瓦斯含量装置测定原理及流程图

四、实验内容及操作

（一）采样

1. 采样前准备

所有用于取样的煤样罐在使用前须进行气密性检测。气密性检测可通过向煤样罐内注空气至表压 1.5 MPa 以上,关闭后搁置 12 h,压力不降方可使用。不应在丝扣及胶垫上涂润滑油。

地勘瓦斯解吸仪在使用之前,将量管内灌满水,关闭底塞并倒置过来,放置 10 min 以量管内水面不下降为合格。

2. 煤样采集

采样钻孔布置:同一点至少应布置两个取样钻孔,取样点间距不小于 5 m。

3. 采样方式

在石门或岩石巷道可打穿层钻孔采取煤样,在新暴露的煤巷中应首选煤芯管或其他定点取样装置定点采集煤样。

4. 采样深度

测定煤层原始瓦斯含量时，采样深度应超过钻孔施工地点巷道的影响范围，并满足以下要求：

（1）在采掘工作面取样时，采样深度应根据采掘工作面的暴露时间来确定，但不应小于 12 m。

（2）在石门或岩石巷道采样时，距煤层的垂直距离应视岩性而定，但不应小于 5 m。

5. 采样要求

采集煤样时应满足以下要求：

（1）对于柱状煤芯，采取中间不含矸石的完整部分。

（2）对于粉状及块状煤芯，要剔除矸石及研磨烧焦部分。

（3）不应用水清洗煤样，保持自然状态装入密封罐中，不可压实，罐口保留 10 mm 空隙。

6. 采样记录

采样时，应同时收集以下有关参数记录在采样记录表中（参见记录表 14-1）：

表 14-1　　　　　　　　　　　　**井下采样记录表**

煤样编号		采样日期：　　年　　月　　日	
采样地点：			
煤芯管规格：		采样深度：	
进尺：	煤芯长度：		采样罐号：
取样开始时间：		取样结束时间：	
煤样装罐时间：		煤样装罐结束时间：	

（1）采样地点：矿井名称、煤层名称、埋深（地面标高、煤层底板标高）、采样深度、钻孔方位、钻孔倾角。

（2）采样时间：取样开始时间、取样结束时间、煤样装罐结束时间。

（3）编号：罐号、样品编号。

7. 煤样封装

打开煤样罐盖，准备煤样的装入，并检查煤样罐盖上阀门出气嘴是否有堵塞现象，拧开煤样罐阀门使其处于开启状态，与 O 形密封圈一起放置一旁以便随时取用。煤样取出后应快速封入煤样罐，拧紧阀门。封入煤样罐煤样应粒径较大且质量大于 500 g。

（二）井下自然解吸瓦斯量（W_{21}）测定

（1）先将地勘瓦斯解吸仪进气嘴与煤样罐出气嘴用乳胶管连接后（图 14-8）准确读取液面初值并记录。打开煤样罐阀门瞬间待气体涌出后迅速读取液面刻度并打开秒表计时，然后每一分钟读取液面刻度一次，直至 30 min 结束。将观测结果填写到测定记录表 14-2 中，同时记录气温、水温及大气压力。

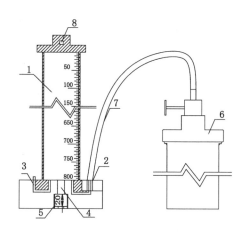

图 14-8 地勘瓦斯解吸仪与煤样罐连接示意图
1——管体;2——进气嘴;3——出液嘴;4——灌水通道;
5——底塞;6——煤样罐;7——连接胶管;8——吊耳

表 14-2   **井下 30 min 煤样中气体解吸速度测定记录**

开始解吸测定时间:

量管初始读数 V/mL:

累计观测时间 T_5/min	量管读数 V/mL	累计观测时间 T_5/min	量管读数 V/mL	累计观测时间 T_5/min	量管读数 V/mL
1		11		21	
2		12		22	
3		13		23	
4		14		24	
5		15		25	
6		16		26	
7		17		27	
8		18		28	
9		19		29	
10		20		30	

大气压力(p_1): kPa	环境温度(t_1): ℃

采样地点地质概况:

煤芯描述:

（2）若解吸过程中解吸瓦斯体积达到井下解吸仪最大量程的 85% 时,关闭煤样罐阀门重新将井下解吸仪灌水后按照上一操作步骤继续解吸。

（3）测定结束后,旋紧煤样罐阀门,并将煤样罐沉入清水中,仔细观察 10 min,如果发现有气泡冒出,则该试样应重新取样测试;如不漏气可进行下一步操作。

(4) 井下解吸结束后,解吸仪读数终值与初始刻度读数之差即为井下瓦斯解吸量 W_{21}。

(三)地面自然解吸瓦斯量(W_{22})测定

1. 解吸前准备工作

(1) 地面解吸装置包括两组解吸量筒(详见图 14-9),并配有甲基橙(指示剂)工作液便于观察。

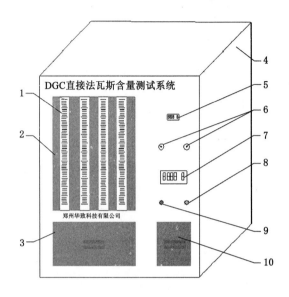

图 14-9 地面瓦斯解吸仪

1——解吸量管;2——透光面板;3——水槽抽屉;4——设备箱体;5——室温显示仪表;
6——液面复位泵旋钮;7——大气压力显示仪表;8——背光板开关;9——总电源开关;10——工具箱

(2) 将煤样罐出气嘴连接到地面瓦斯解吸测量管(1 000 mL/根)上,开启地面解吸装置背光灯管,旋转液面复位泵旋钮进行排气吸水,当液面到达适当位置(根据瓦斯解吸量确定)时停止,排气口用止水夹夹住,使解吸管处于密封状态。

(3) 观察液面下降情况,若量管内液面在 5 min 内下降刻度小于 2 cm³,则气路密封性合格。

2. 实验室常压解吸操作

(1) 调试结束后,缓慢打开煤样罐阀门,间隔一定时间读取一次瓦斯的解吸量,时间间隔的长短取决于解吸速度。注意观察解吸累计量的变化规律,发现异常及时处理。

(2) 当解吸一段时间后,直至 5 min 内量管内不再有气泡冒出时解吸完毕,读取并记录解吸量管液面终止读数,并同时记录周围环境的温度和大气压力。

3. 操作注意事项

当煤样罐内瓦斯解吸量较少,且井下温度高于地面实验室温度时,容易产生倒吸现象(地面解吸仪水槽内的水通过胶管吸入煤样罐),地面解吸时应密切关注解吸情况,防止工作液倒吸入煤样罐内。若存在倒吸现象则该样解吸结束,进入下一步操作。

(四)煤样粉碎自然解吸瓦斯量(W_3)测定

(1) 样品称量。称量工具包括电子天平、大煤样盆、小煤样盆、煤样勺等。

① 将上述常压解吸结束后的煤样从煤样罐倒入大煤样盆,将矸石、水等非煤物质剔除,

然后放置于天平上进行煤样总质量称量,记录相关数据。

② 粉碎二次煤样称量:

a. 从煤样盆中取两份相等量的二次煤样,记录二次煤样质量,煤样的质量一般取100～200 g(当煤样是水煤样时,存在粉碎过程中泥状煤样堵塞气嘴现象,该情况下应减少粉碎煤样量或对气嘴进行相应处理),选择整芯或较大块的煤样,确保二次煤样和全煤样有相同的特性。

b. 若煤样粒度较大(粒径大于 26 mm),则用铁锤在破碎实验台上粉碎到较小颗粒(最大粒度不超过 26 mm)后进行称量。记录每份二次煤样的质量后,逐份将煤样装入粉碎机料钵中粉碎解吸。

(2) 重新将解吸量管充水至一定刻度,记录量管初始读数。

(3) 煤样粉碎:

① 打开粉碎机箱上盖,拧松压紧螺栓,将冲击块、冲击环、料钵和料钵盖擦拭干净后,将一份称量好的二次煤样放入粉碎机料钵中,盖好带有密封圈的料钵盖,并压紧密封严实,盖好机箱上盖。

② 将粉碎机气嘴与解吸量管用胶管连接后,检查气路系统、料钵和盖三者之间的气密性,保证其气密性良好。

③ 粉碎 3～5 min 后,关闭粉碎机电源。

④ 待 1 min 内瓦斯解吸量小于 4 mL 时解吸完毕,读取并记录量管终止读数,并同时记录周围的环境温度和大气压力。

⑤ 重复以上步骤对第二份煤样进行粉碎解吸。

(4) 注意事项:

① 若两份同质量的煤样瓦斯解吸量相差小于 30%,则取最大值作为粉碎自然解吸瓦斯量并作记录。

② 若二者相差大于 30%,应再取第三份二次煤样进行粉碎解吸。

(五) 水分测定

水分测定属于煤的工业分析测定参数之一,其实验操作应符合《煤的工业分析方法》(GB/T 212—2008)规定。

(六) 吸附常数 a、b 值测定

吸附常数 a、b 值的实验测定应符合《煤的高压等温吸附试验方法》(GB/T 19560—2008)要求。

五、数据记录及数据处理

(1) 按照上述操作步骤认真详细记录相关数据并填入表 14-1～表 14-5 中。

表 14-3　　　　　　　　　实验室煤样自然解吸瓦斯量测定记录表

煤样编号:

采样地点:	矿井	采区	工作面	煤层

大气压力(p_2):　　kPa		环境温度(t_2):　　℃	
煤样质量/g	量管读数/cm³	起	止

表 14-4   煤样粉碎自然解吸瓦斯量

煤样	第一份煤样		第二份煤样	
煤样质量/g	起	止	起	止
量管读数/cm³	起	止	起	止
粉碎时间/min	起	止	起	止
大气压力(p_3)：　　　kPa		环境温度(t_3)：　　　℃		

表 14-5   参与煤层瓦斯含量测算参数表

吸附常数		工业分析		其他参数	
a	b	水分 M_{ad}/％	灰分 A_{ad}/％	视密度 ARD/(t/m³)	孔隙率 F/％

（2）软件操作及数据处理。

打开"解吸法瓦斯含量直接测定装置计算软件"进入数据处理界面，进入 W 值计算数据输入界面，将上述记录表中的实验数据，按照系统提示要求，填入下列各计算程序界面，如图 14-10～图 14-16 所示。

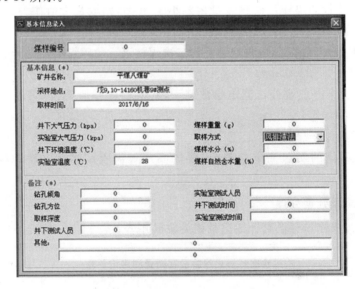

图 14-10　采样基本信息输入界面

对照记录数据确认无误后点击计算。

软件计算结束后，系统将自动保存数据，并生成报告文件。根据测试参数及生成的报告文件分析本次实验的煤层瓦斯含量情况，并将各阶段瓦斯解吸量记录于表 14-6 中。

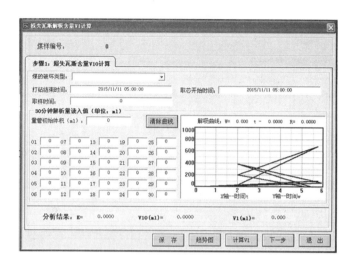

图 14-11　井下瓦斯解吸参数输入界面

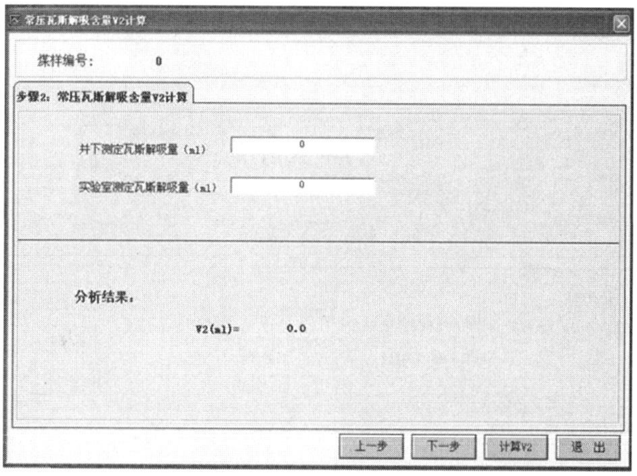

图 14-12　煤芯瓦斯解吸量 W_2 计算界面

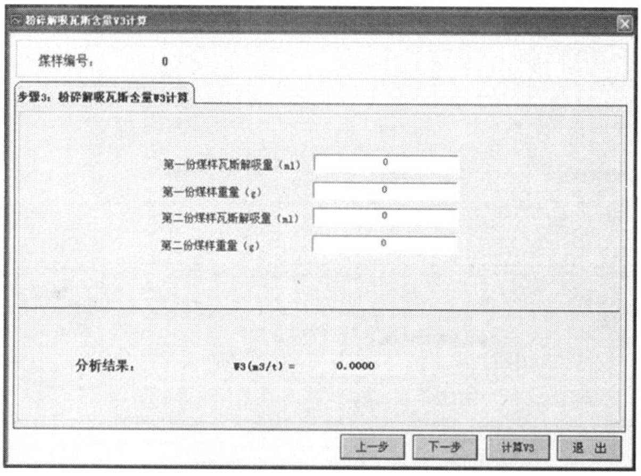

图 14-13　粉碎解吸瓦斯含量 W_3 计算界面

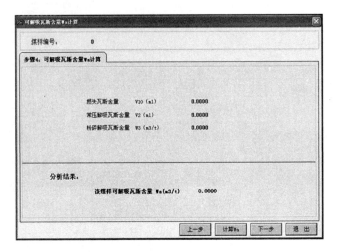

图 14-14　可解吸瓦斯含量 W_a 计算界面

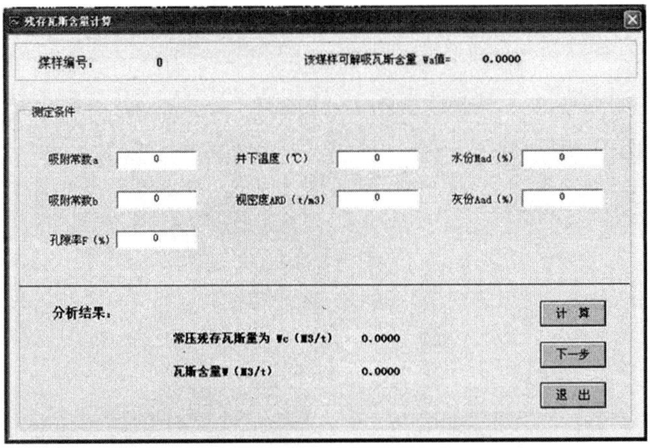

图 14-15　煤层瓦斯含量计算界面

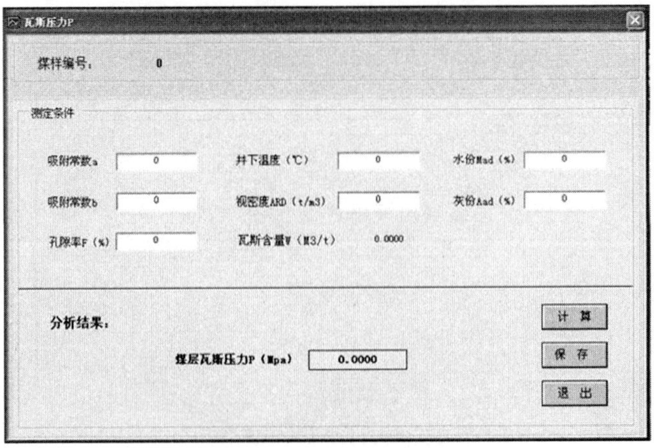

图 14-16　瓦斯压力计算界面

表 14-6　　　　　　　　　　　　　煤层瓦斯含量结果记录

瓦斯损失量 W_1	井下瓦斯解吸量 W_{21}	地面常压瓦斯解吸量 W_{22}	粉碎瓦斯自然解吸量 W_3	可解吸瓦斯含量 W_a	常压残存量 W_c	煤层瓦斯含量 W

六、问题与讨论

(1) 瓦斯损失量 W_1 的计算有几种方法？

(2) 直接法测量瓦斯含量的误差有哪些影响因素？

参 考 文 献

陈大力,陈洋. 对我国煤层瓦斯含量测定方法的评述[J]. 煤矿安全,2008(409):79-82.

实验十五 20 L 爆炸球测定实验

○、实验背景知识

可燃物爆炸是指可燃物质(可燃气体、蒸气和粉尘)与空气(或氧气)在一定的浓度范围内均匀混合,形成预混气,遇着火源在有限的空间内急剧燃烧,在短时间内聚集大量的热,使气体体积急速膨胀而引起爆炸。这个浓度范围称为爆炸极限或爆炸浓度极限,是可燃物爆炸的重要特征参数,也是可燃物的最重要临界爆炸参数之一。

可燃物的临界爆炸参数(爆炸压力、爆炸压力上升速率、爆炸浓度极限、最小点火能量等)的确定对于可燃物的安全存放及爆炸灾害预防具有重要的意义,20 L球形爆炸装置是国际上通用的标准测试装置,能够准确地确定特定条件下可燃物的爆炸危险性评价指标,掌握其结构、组成、测试原理及标准化测试方法,对于安全科学与工程专业的学生至关重要。

一、实验目的

(1)熟悉 20 L 爆炸球的组成结构及工作原理。

(2)学会使用 20 L 爆炸球测定可燃物的临界爆炸参数。

二、实验仪器

20 L 爆炸球、烘箱、分析天平(感量为 0.1 mg)、托盘、样品勺、称量纸。

20 L 爆炸球实验装置的主要结构如图 15-1 所示。

图 15-1　20 L 爆炸球实验装置

1——配气压力传感器;2——脉冲点火器;2——爆炸腔体;4——观察视窗;5——配气箱;
6——点火电极;7——主压力传感器;8——样品仓压力传感器;9——固体样品添加罐;10——无线数传模块

三、实验内容

本实验装置可开展的内容包括可燃气体、粉尘、液雾的爆炸实验,用于测试可燃物的爆炸压力和压力上升速率等爆炸特征参数。

（一）测定可燃物爆炸的爆炸压力和压力上升速率

最大爆炸压力和最大压力上升速率是可燃物爆炸的两个重要参数,是衡量可燃物爆炸强度的尺度,对研究抑制可燃物爆炸等有直接的指导作用。实验通过记录爆炸压力随时间变化的过程,从而可获得可燃物在不同条件下(粉尘粒径、粉尘浓度等不同因素)的最大爆炸压力和最大压力上升速率。

（二）测定可燃物爆炸的爆炸下限

根据 GB/T 16425—2018,爆炸下限的测试可从一个可爆炸的粉尘浓度开始(一般从 100 g/m³ 开始),然后逐步降低该浓度值,直到无爆炸发生为止。为确保无爆炸的发生,至少需对不发生爆炸的粉尘浓度值重复三次以上实验。判断是否发生爆炸的依据是:当点火头的爆炸压力为 0.11 MPa±0.01 MPa 时,爆炸压力是否大于 0.15 MPa(相对)。

四、实验前准备

（1）将真空泵排气管及 20 L 球排气管伸出窗外。

（2）检查所有连接线路,打开真空泵电源。

（3）如采用脉冲点火方式,将高压点火头连接到球顶部的点火电极座上;如采用化学点火方式,将化学点火头安装在点火电极支杆固定套上。

（4）打开实验装置主电源。

（5）旋开压缩空气钢瓶主阀门,调节压力,使输出压力大于 2.1 MPa。

（6）气体实验准备:用气囊取样,并将气囊连接到样品 1 输入口,打开气囊阀门。

（7）粉尘实验准备:用天平称取样品,打开粉尘仓盖,将样品倒至粉尘仓底部,再旋紧仓盖。

（8）安装罐体上盖,确认其密封性良好(如果未密封良好,实验开始前会发出警报,需要再次确认密封状态)。

（9）打开排气阀,确保球体内部与大气相通。

五、气体爆炸实验

（1）打开电脑,启动 20 L 球软件,其界面如图 15-2 所示。

（2）依次单击【辅助选项】—【清洗容器】标签,待清洗完成后重复一次,清洗两次后关闭排气阀,界面显示如图 15-3 所示。

容器清洗完毕后点击【启动实验】标签,出现【设定实验控制参数】界面一,如图 15-4 所示。

（3）点击【全部展开】按钮,进入【设定实验控制参数】界面二,如图 15-5 所示。

【实验类型】:选择"气体实验"。

【实验容器】:选择"20 L 球"。

【功能选择】:选择"上盖锁紧检测控制""点火数据采集"。根据实验需要选择"冲击后气体静态混合",混合时间视情况设定。

【气体样品进样量】:根据实验样品输入进样量。注:样品进样量总和≤100。

【点火及数据采集控制】:数据采集时间最大到 4 s,电弧维持时间最大到 2 000 ms。

图 15-2　软件启动界面

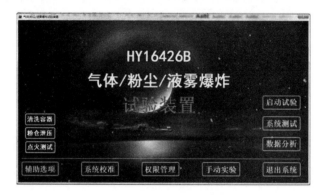

图 15-3　清洗容器界面

图 15-4　设定实验控制参数界面一

【样品仓控制】:样品仓冲压 2.1 MPa,延时关闭时间 400 ms。此时容器抽真空是根据进样量和粉尘仓冲压自动算出的,无须人为更改。

点击【设置完成】按钮,进入【设定实验控制参数】界面三(图 15-6),根据界面提示,输入实验所需的各种信息数据。

点击【确定】按钮,设备开始传递实验控制参数并自动开始实验,界面显示如图 15-7 所示。此过程中将自动完成抽真空、样品进样、空气配平、样品仓冲压、点火-数据采集、数据接收过程。由于数据量很大,数据传输过程须耐心等待,严禁关闭设备电源,直到数据传输完成。

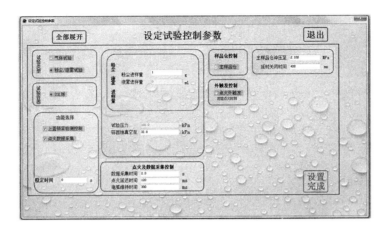

图 15-5   设定实验控制参数界面二

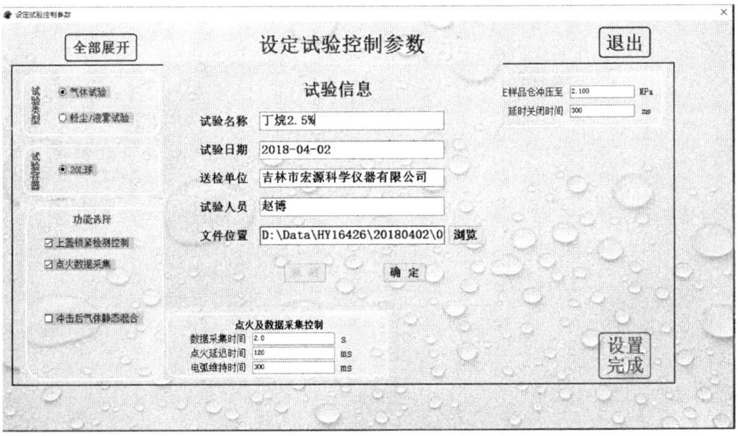

图 15-6   设定实验控制参数界面三

图 15-7   传递控制参数界面

实验结束后自动弹出图 15-8 所示界面。根据需要设定绘制曲线的压力上限、时间上限、时间下限和查找压力上升速率的采样间隔,点击【确定】按钮。

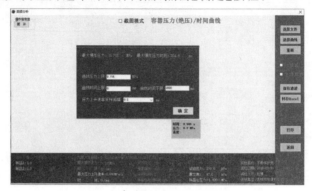

图 15-8　数据分析界面一

控制系统自动生成容器压力(绝压)/时间曲线,如图 15-9 所示。打开排气阀,待泄压后打开爆炸罐盖,清洗干净后继续下次实验。

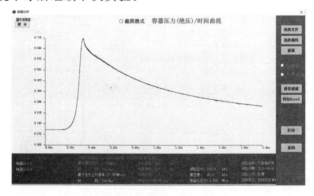

图 15-9　数据分析界面二

六、粉尘爆炸实验

(1) 打开电脑,启动 20 L 球软件,其界面如图 15-2 所示。

(2) 依次单击【辅助选项】—【清洗容器】标签,待清洗完成后重复一次,清洗两次后关闭排气阀,界面显示如图 15-10 所示。

点击【启动实验】按钮,进入【设定实验控制参数】界面一,【实验类型】选择"粉尘/液雾实验"。

(3) 点击【全部展开】按钮,进入【设定实验控制参数】界面二,如图 15-11 所示。

【实验类型】:选择"粉尘/液雾实验"。

【实验容器】:选择"20 L 球"。

【功能选择】:选择"上盖锁紧检测控制""点火数据采集"。

【粉尘/液雾进样量】:根据实验样品类别输入进样量。

【点火及数据采集控制】:数据采集时间最大到 4 s。点火延迟时间根据实验需要设定,一般设定为 120 ms。

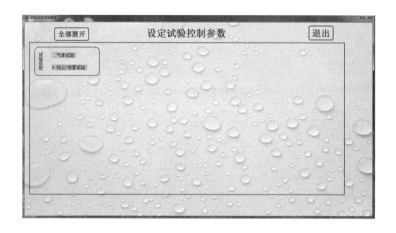

图 15-10　设定实验控制参数界面一

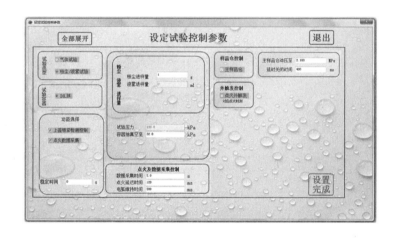

图 15-11　设定实验控制参数界面二

【样品仓控制】:样品仓冲压 2.1 MPa,延时关闭时间 400 ms。此时容器抽真空是根据粉尘仓冲压自动算出的,无须人为更改。

点击【设置完成】按钮,进入【实验信息】界面,根据界面提示,输入实验所需的各种信息数据,如图 15-12 所示。

点击【确定】按钮,设备开始传递实验控制参数并自动开始实验,界面显示如图 15-13 所示。

此过程中将自动完成抽真空、样品进样、空气配平、样品仓冲压、点火-数据采集、数据接收过程。由于数据量很大,数据传输过程须耐心等待,严禁关闭设备电源,直到数据传输完成。

实验结束后自动弹出数据分析界面(图 15-14)。根据需要设定绘制曲线的压力上限、时间上限、时间下限和查找压力上升速率的采样间隔,点击【确定】按钮。

控制系统自动生成容器压力(绝压)/时间曲线,如图 15-15 所示。

打开排气阀,待泄压后打开爆炸罐盖,清洗干净后继续下次实验。

图 15-12　设定实验控制参数界面三

图 15-13　传递控制参数界面

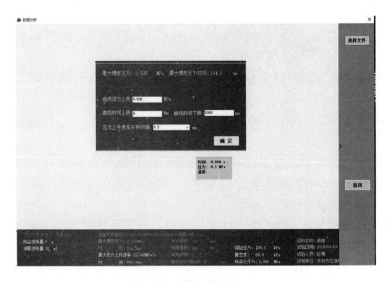

图 15-14　数据分析界面一

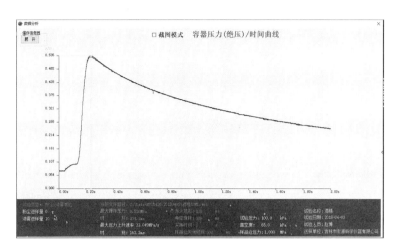

图 15-15   数据分析界面二

七、数据记录与分析

根据实验过程的数据分析内容将实验数据详细记录于表 15-1 中并计算相关指标。

表 15-1   气体(粉尘)爆炸数据记录表

序号	被测样品名称	大气环境温度	样品质量	点火能量	最大爆炸压力	最大爆炸压力上升速率	爆炸指数
1							
2							
3							
……							

若为其他实验内容,可根据实际情况自行设计表格。

八、注意事项

(1)实验完成后,应及时清理爆炸容器。

(2)粉尘实验的粒径应小于 200 目,粉尘粒径过大会对传感器造成永久损坏。

(3)禁止开展超压实验(爆炸压力大于 2 MPa),否则容易造成视窗、爆破片及压力传感器永久损坏。

九、问题与讨论

(1)影响粉尘爆炸特性的关键因素有哪些?

(2)粉尘爆炸与可燃气体爆炸有什么差异?

实验十六　粉尘中游离二氧化硅含量测定实验

〇、实验背景知识

　　游离二氧化硅是煤矿呼吸性粉尘中主要的污染物，其含量大小与尘肺病的发生发展有着密切的关系，含量越高，则引起病变的程度越重且病变发展的速度越快，因此当今世界各国矿山的安全规程中，对作业环境空气中粉尘浓度允许值的规定，均以其中的游离二氧化硅含量值为依据，所以全面掌握并做好游离二氧化硅的含量监测是煤矿安全生产的重要内容。

　　目前，粉尘中游离二氧化硅含量的测定方法有化学法和物理法两种。化学法中常用的焦磷酸质量法由于操作烦琐、检测周期长，难以满足批量检测的要求；物理法中常用的傅里叶变换红外光谱法因其灵敏度和准确度高、仪器操作方便、可适用于自动分析等优势获得了广泛的应用。

一、实验目的

（1）熟悉并掌握傅里叶变换红外光谱仪的组成结构及工作原理。

（2）学会使用红外光谱仪测定粉尘中游离二氧化硅的含量。

二、实验原理

　　游离二氧化硅的主要成分是 α-石英，其在红外光谱中于 $12.5~\mu m(800~cm^{-1})$、$12.8~\mu m$ $(780~cm^{-1})$ 及 $14.4~\mu m(694~cm^{-1})$ 处出现特异性强的吸收带，如图 16-1 所示，在一定范围内，其吸光度值与 α-石英质量呈线性关系，可通过测量吸光度进行定量测定。

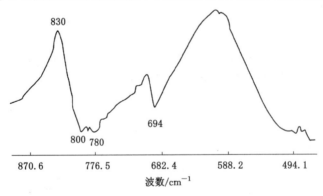

图 16-1　标准 α-石英谱图

三、实验仪器

（1）傅里叶变换红外光谱仪。

（2）瓷坩埚和坩埚钳。

（3）马弗炉。

（4）分析天平,感量为 0.01 mg。

（5）干燥箱及干燥器。

（6）玛瑙研钵。

（7）压片机及锭片模具。

（8）200 目粉尘筛。

四、实验试剂

（1）溴化钾,优级纯或光谱纯,过 200 目筛后,用湿式法研磨,于 150 ℃干燥后,贮于干燥器中备用。

（2）无水乙醇,分析纯。

（3）标准 α-石英尘,纯度在 99% 以上,粒度小于 5 μm。

五、实验准备

（一）制备大样

在天平上垫上称量纸,准确称取 10 mg 的标准 α-石英,记录实际称量值 M,再用药匙加入研磨成粉末的溴化钾大约 990 mg,使得总质量为 1 g,将称好的粉末全部倒入玛瑙研钵后用滴管滴入无水乙醇,并用研杵研磨成糊状,使两种粉末混合均匀,再把研钵和研杵整体放入干燥箱(110 ℃±5 ℃)中,加热干燥 10 min,待晾凉后得到标准 α-石英的含量为 10 mg/g。

（二）制备标准样品

准确称取大样(标准 α-石英 10 mg 与溴化钾 990 mg 的混合样,标准 α-石英含量为 10 mg/g)10 mg、20 mg、50 mg、70 mg、90 mg,分别加入溴化钾粉末 240.0 mg、230.0 mg、200.0 mg、180.0 mg、160.0 mg 后分别置于玛瑙研钵加入无水乙醇混匀研磨成糊状,放入干燥箱中(110 ℃±5 ℃)烘干 10 min,然后转移至压片模具中,在压片机下压片 20 MPa 的压力条件下,放置 1 min(注意:称取的 5 种浓度的大样要记录实际称量值),制成标准系列锭片。

压片机组成及其具体操作方法如图 16-2 和图 16-3 所示。

六、实验测定

（一）建立标准曲线

将上述制得的标准系列锭片置于样品室光路中进行扫描,记录其在 900～600 cm^{-1} 的红外光谱谱图。以 827～628 cm^{-1} 作为一条基线,分别以 800 cm^{-1}、780 cm^{-1} 和 694 cm^{-1} 三处的吸光度值为横坐标,以标准 α-石英的质量为纵坐标,绘制三条不同波长的 α-石英标准曲线,并求出标准曲线的回归方程 $y=ax+b$ 和方程的确定性系数 R^2。在无干扰的情况下,一般选用 800 cm^{-1} 标准曲线进行定量分析,具体操作方法如下:

（1）确认仪器电源线以及 USB 数据线连接正常。

（2）先取出样品仓内的干燥剂,再打开仪器开关,预热 10～15 min 后方可打开操作软件。

（3）检查仪器光源能量,在采集→采集设置→工作台中看到,Max 能量值在 5.6～9.5 之间,如图 16-4 所示。

（4）打开采集→采集设置,扫描次数设为 32 次,分辨率为 4 cm^{-1},其余参数可参考图 16-5 进行设置。

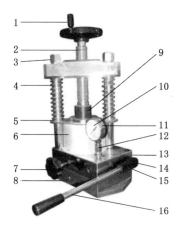

图 16-2 压片机组成

1——手轮;2——丝杠;3——固定螺母;4——立柱;5——工作台;6——活塞;

7——放油阀;8——油池;9——模具;10——压力表;11——柱塞泵;12,14——注油孔螺钉;

13——限位螺钉;15——出油阀;16——手动压把

图 16-3 压片机具体操作方法

(a)取模具,擦拭干净,装好底座,把内模块光面向上放入,用药品匙将样品均匀放入;

(b)将模具放在压片机的中心位置,加压至 20 MPa,停留 1～2 min;

(c)慢慢打开放气阀,使压力缓慢下降到 0,拧开螺旋取出模具;

(d)将模具的上下压杆分开,并轻轻地取出样品

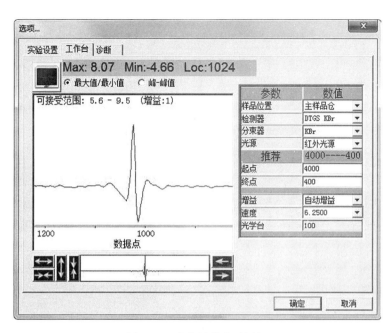

图 16-4　光能量检查对话框

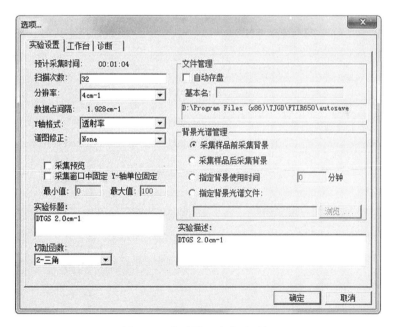

图 16-5　实验设置参数对话框

（5）选择上方工具栏的采样品，出现背景采集提示框，如图 16-6 所示，点击确定按钮，开始进行背景采集。待背景采集完成后出现样品采集提示框，将待测样品放入仪器卡槽中，点击确定按钮后，开始样品采集，如图 16-7 所示。

（6）样品采集完成后，选择上方工具栏的 ABS，使其转换为吸光度的格式，如图 16-8 所示。

（7）继续选择上方工具栏的轴范围，X 轴起始到终止为 $900\sim600$，然后再点击 Y 轴满

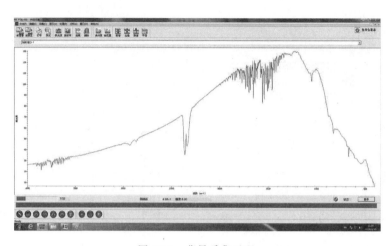

图 16-6　背景采集过程

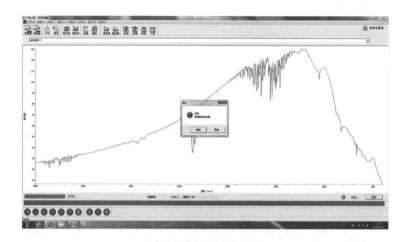

图 16-7　样品采集过程

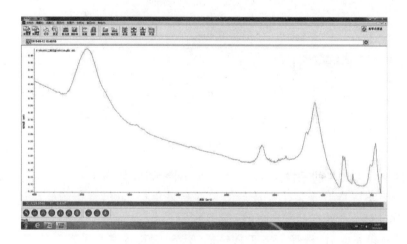

图 16-8　采集后的标准样品光谱图

刻度(Y 轴的起止数据应根据实际情况确定合适的范围),如图 16-9 所示。

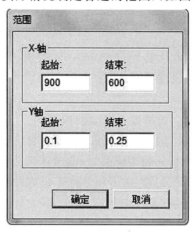

图 16-9　轴范围设置对话框

(8) 选择上方工具→峰高工具,对图形进行吸收峰的高度测量,如图 16-10 所示。

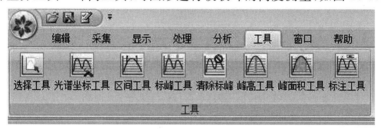

图 16-10　峰高工具设置

点击谱图,出现两个倒三角和一个正方形坐标块,把两个三角形各自拖动到吸收峰的最低峰谷处,黑色方块拖动到所需要吸收峰的最高点后,在谱图左下角分别读取吸收峰的校正峰高(波数位置会因为误差出现偏移,以吸收峰最高点定坐标),如图 16-11 所示。

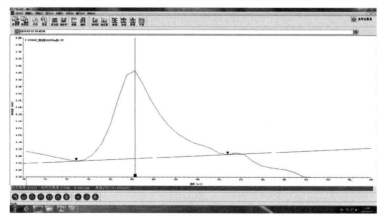

图 16-11　694 cm⁻¹处的吸光度值

(9) 数据记录。分别记录每种标准样品的吸光度值,把每个吸光度值分别填入二氧化硅测试表格内的黄色表格,可拟合出标准曲线。

（二）样品测定

1. 样品采集

根据测定目的,样品的采集方法参见 GBZ 159—2004 和 GBZ/T 192.2—2007 或 GBZ/T 192.1—2007,滤膜上采集的粉尘量应大于 0.1 mg。

2. 样品测定

样品处理:准确称量采有粉尘的滤膜上粉尘的质量 m。然后将受尘面向内对折 3 次,放在瓷坩埚内,置于低温灰化炉或电阻炉(小于 600 ℃)内灰化,冷却后,放入干燥器内待用。将总质量 250 mg 溴化钾和灰化后的粉尘样品,一起放入玛瑙研钵中研磨混匀后,连同压片模具一起放入干燥箱(110 ℃±5 ℃)中 10 min。将干燥后的混合样品置于压片模具中,加压 25 MPa,持续 3 min,制备出的锭片作为测定样品。同时,取空白滤膜一张,同样处理,作为空白对照样品。

分别将样品锭片和空白对照样品锭片在傅里叶变换红外光谱仪上进行扫描,并记录其在 800 cm^{-1}、780 cm^{-1} 和 694 cm^{-1} 处的红外光谱峰值,比照标准 α-石英的标准曲线,得出样品中游离二氧化硅的含量以及空白对照样品的游离二氧化硅含量。

七、数据记录及结果处理

（1）将表 16-1 记录下的每种标准样品的红外光谱峰值分别填入表 16-2 的吸光度一栏,拟合实际标准曲线图(可参考图 16-12 示例)。

表 16-1　　　　　　　　　大样品记录表

标准二氧化硅质量/g	0.01
溴化钾质量/g	0.99
标准二氧化硅浓度/(mg/g)	10

表 16-2　　　　　　_____ cm^{-1}标准样品峰值记录及曲线拟合

实际二氧化硅质量/mg	吸光度
10	
20	
50	
70	
90	

（2）记录样品和空白样品的红外光谱峰值,分别将其代入实际拟合的标准曲线方程,得出样品中游离二氧化硅的质量 m_1 以及空白对照样品的游离二氧化硅的质量 m_2。

（3）煤矿呼吸性粉尘中游离二氧化硅含量计算:

$$w=(m_1-m_2)/m\times100\%$$

其中,m 是煤矿呼吸性粉尘样品质量,单位为 mg,当样品为沉降粉尘时,m_2 取值为 0。

八、注意事项

（1）研磨用具均应清洗干净并烘干后,再行使用。

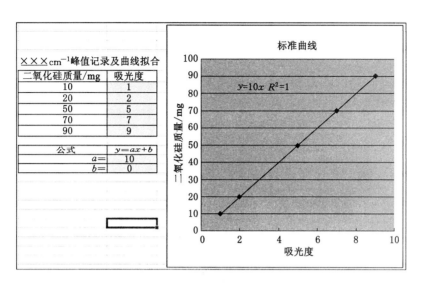

图 16-12　标准曲线拟合示例图

（2）为降低测量的随机误差，实验室温度应控制在 18～24 ℃，相对湿度以小于 50% 为宜。

（3）样品和制作标准曲线的石英尘应充分研磨，使其粒度小于 5 μm 者占 95% 以上，方可进行分析测定。

（4）研磨 KBr 时应按同一方向（顺时针或逆时针）均匀用力，若不按同一方向研磨，可能会导致样品转晶，影响测定结果。

（5）因 KBr 吸湿性较强，压好的锭片应及时进行分析测定。

（6）在粉尘中若含有黏土、云母、闪石、长石等成分时，会在 800 cm^{-1} 附近产生干扰，则可用 694 cm^{-1} 的标准曲线进行定量分析。

（7）制备石英标准曲线样品的分析条件应与被测样品的条件完全一致，以减少误差。

九、分析与讨论

（1）制备大样过程中为何要滴入无水乙醇？

（2）对粉尘中游离二氧化硅测定结果的精确性影响因素有哪些？

实验十七　SF₆示踪气体精准定量测定实验

〇、实验背景知识

六氟化硫气体(SF_6)是一种无色、无臭、无毒、不燃的惰性气体,分子结构呈八面体排布,键合距离小、键合能高,因此其稳定性很高,在温度不超过 180 ℃时,它与电气结构材料的相容性和氮气相似。SF_6 气体是强电负性气体,具有很高的电气绝缘强度,灭弧能力约为空气的 100 倍,广泛用于高压断路器的灭弧介质和高压电气设备的绝缘介质。同时,SF_6 气体的化学性质稳定,还是目前应用较为广泛的测定大气污染的示踪剂,示踪距离可达 100 km。作为一种良好的示踪气体,SF_6 气体被广泛应用于煤矿井下漏风通道、漏风量的定性和定量测定及研究,是煤矿安全生产技术中的一种重要检测手段,为矿井通风堵漏和均压防灭火工作提供着重要的技术判断依据。实际应用中,SF_6 示踪气体的检测浓度一般在 $10^{-8} \sim 10^{-6}$ 数量级,普通检测技术很难准确对其测量,因此,SF_6 示踪气体浓度的精准定量测量主要是利用专用气相色谱仪完成。SF_6 专用气相色谱仪是具有电子捕获检测器(electron capture detector,简称 ECD)的专用色谱装置。ECD 是一种离子化检测器,是一种具有选择性的高灵敏度的检测器,它只对具有电负性的物质组分产生信号,且物质的电负性越强,其检测灵敏度越高,而对电中性的物质,如烷烃等则无信号。

掌握 SF_6 示踪气体的精准定量测量方法和仪器设备的使用是安全科学与工程学科本科生的重要学习任务之一,通过实验的开展期望学生能够掌握 SF_6 示踪气体的色谱分析方法,为今后可能开展的测漏检测工作打好基础。

一、实验目的

(1) 了解并学习 SF_6 气体的相关特性及应用领域的有关知识。

(2) 学习并掌握 SF_6 专用气相色谱仪的工作原理和使用注意事项。

(3) 掌握 SF_6 示踪气体精准定量测定实验的步骤和实验操作。

二、仪器设备

开展实验所需的主要仪器设备包括 SP-6800A 六氟化硫专用气相色谱仪、气体采集球胆、高纯氮气、SF_6 标准气(1 ppm)等。

现就关键设备 SP-6800A 六氟化硫专用气相色谱仪进行详细介绍。其配备电子捕获检测器(ECD)及专用色谱柱,可直接对六氟化硫示踪气体进行分析,亦可用于其他电负性物质的检测,特别适用于煤炭行业对井下六氟化硫示踪气体的精准定量分析。

(一)正常工作条件

环境温度:0～40 ℃;相对湿度:低于 85%;周围无强电磁场干扰,无腐蚀性气体,无强烈振动;供电电源 220 V×(1±10%),50 Hz±0.5 Hz,功率 2 kW。

（二）技术性能

1. 温度控制精度指标

（1）色谱柱室温度：

● 控温范围：室温加 10～399 ℃。

● 控温精度：±0.1 ℃（200 ℃以内）；±0.2 ℃（200 ℃以上）。

● 温度梯度：柱有效区域内不大于 1%。

● 设定温度：与指示温度之间偏差不大于 0.5 ℃。

● 设定温度与实际温度之间偏差不大于 2%。

● 程升阶数：5 阶。

● 升温速率：0.1～30 ℃/min，以 0.1 ℃/min 为增量。

● 程序升温重复性不大于 2%。

（2）汽化室、氢焰检测室温度：

● 控温精度：±0.1 ℃（200 ℃以内），±0.2 ℃（200 ℃以上），最高使用温度 399 ℃。

2. 电子捕获检测器（ECD）的相关指标

（1）灵敏度：1×10^{-13} g/mL。

（2）噪声：不大于记录仪满刻度的 1%。

（3）漂移：不大于记录仪满刻度的 3%/h。

ECD 的结构如图 17-1 所示，采用单电极为圆筒式结构，它由信号线、电极、绝缘垫、放射源 Ni63、腔体、加热块等组成，并带有尾吹装置，色谱柱可直接插到放射源腔体根部，减小死体积，有利于样品分析。ECD 控制器采用脉冲调制线路，可由键盘设定 ECD 基流及输入衰减。

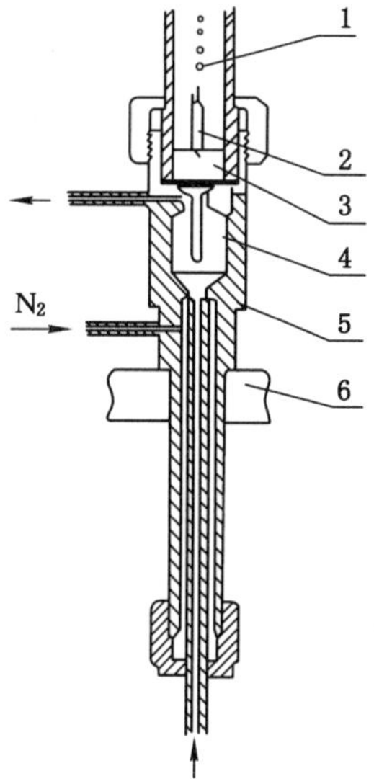

3. 进样方式

具有注射器进样和六通阀进样两种方式（定量管 0.1 mL）。

4. 惰化气源要求

气源所需压力为载气（N$_2$）0.4 MPa，需使用高纯氮气，纯度要求在 99.999% 以上。

图 17-1　电子捕获检测器（ECD）结构图

1——信号线；2——电极；3——绝缘垫；
4——放射源 Ni63；5——腔体；6——加热块

三、SP-6800A 六氟化硫专用气相色谱仪的主机结构和基本操作

（一）主机结构

主机为二箱式设计，结构紧凑，外观美观大方。

（1）柱室：由风扇、电炉丝、铂热电阻、不锈钢室体组成。

（2）气路部分：在主机一侧，由稳压阀、稳流阀及检测器、尾吹气路等组成。

（3）汽化室：在汽化室加热块上装有填充柱进样器。

（4）检测器布局：其汽化室和氢焰检测器，分开控温，并固定在柱室上方。

（二）控制键盘及基本操作

温度及检测器（除调零外）均由键盘控制。

1. 键盘介绍

(1) 键盘功能：

温度参数 键用于设定六路温度参数。

程升参数 键用于设定程序升温参数。

检测参数 键用于设定检测器参数(灵敏度、桥流、极性、电捕基流等)。

运　　行 键用于启动恒温操作。

程升启动 键用于启动程序升温运行。

停　　止 键用于停止恒温运行及程升运行。

•/进样 小数点用于设定升温速率和启动六通阀进样。

送　　数 和数字键及功能键配合设定各参数,同时可移动光标位置。

(2) 指示灯状态：

指示灯形状为方形,位于温度参数屏的上方,按 温度参数 键可显示。

运行灯：表示处于加热运行状态。

恒温灯：当各设定路的实际温度均处于设定点温度的±0.8 ℃以内时,恒温灯亮。

报警灯：当任一路实际温度超过设定温度 15 ℃以上时,报警灯亮。

初温灯：表示处于程升初始段。

升温灯：表示处于程升线性升温段。

终温灯：表示处于程升终温段。

(3) 显示器：采用 320×240 大屏幕液晶显示屏,中文显示,方便直观。

2. 键盘操作

(1) 温度参数的设定：按 温度参数 键显示温度参数屏,如图 17-2 所示。光标停在柱室温度百位处。

运行	恒温	报警	初温	升温	终温
柱室		×̲ × ×		× × ×.×	
氢焰		× × ×		× × ×.×	
汽化		× × ×		× × ×.×	
热导		× × ×		× × ×.×	
辅助一		× × ×		× × ×.×	
辅助二		× × ×		× × ×.×	

图 17-2　温度参数设置界面

图 17-2 界面中上方为仪器状态指示,下方为六路温度参数的设定值及实际值,其中左方为设定区,右方为实际区。

① 按数字键可设定柱室温度,按下了一个数字键后,光标移至下一位,可循环设定、更

改柱室温度值。

②　按 送数 键后,光标会移至"氢焰"位置,可同上设定氢焰温度;设置完后再按 送数 键后,光标移至下一路,其他路数的设置依次类推。

(2) 程升参数的设定:按 程升参数 键,显示器显示程升参数屏,如图 17-3 所示。

程升参数			
一阶初时	××××	三阶终温	×××
一阶升率	×××	三阶终时	×××
一阶终温	×××	四阶升率	×××
一阶终时	×××	四阶终温	×××
二阶升率	×××	四阶终时	×××
二阶终温	×××	五阶升率	×××
二阶终时	×××	五阶终温	×××
三阶升率	×××	五阶终时	×××

图 17-3　程升参数的设置界面

光标停在一阶初时的首位处,可用数字键设定一阶初时值,设置好后,按 送数 键,光标移至下一参数处(一阶升率),可同上设置其他各项参数。

注意:

①　所有温度参数最大仅可设置为 399,首位数字 4 以上均不能置入,微机以 0 替代。

②　所有时间(初时、终时)最大可设置为 250 min,不可设置大于 250 的数。

③　升率设置范围为 0.1~40 ℃/min,小数点仅在 10 以下可用,即 0.1~9.9,10 以上只可设置整数(百位输入 0)。

④　如仅进行一阶或二阶程序升温,则将下一阶升温速率设置为 000 即可,如做一阶程序升温,即只需设定二阶升率为 000。

(3) 恒温操作:在设置完各温度值以后(注意不用的区域设置为 000),按 运行 键即可(同时运行灯将点亮),各路都恒温后,恒温灯亮。

注意:升温过程中,也可造成恒温灯短时间点亮,但只有温度稳定后,恒温灯才一直亮着,此时才可进行分析。

(4) 程升操作:设定完温度参数及程升参数后,先按 运行 键,使柱室恒定于初温,各加热区域均恒温,恒温灯长时间点亮,此时再按 程升启动 键,即开始程序升温过程。

注意:

①　一旦开始程升过程,不准按 运行 及 程升启动 、 停止 键,否则将终止升温过程。

②　程升过程中,不准修改程升参数。

(5) 停止运行:按 停止 键,停止加热,运行灯灭,程升指示灯灭。

(6) 检测器控制:

按 检测参数 键,显示检测参数屏,如图 17-4 所示,光标停留在"氢焰 1"的"灵敏度"处。

```
┌──────────────────────────────────────┐
│                                        │
│        灵敏度           极性            │
│                                        │
│                                        │
│    氢焰 1      ×              ×          │
│                                        │
│    热导     × × ×            ×          │
│                                        │
│    电捕       ×              ×          │
│                                        │
│    氢焰 2     ×              ×          │
│                                        │
└──────────────────────────────────────┘
```

图 17-4　检测参数屏

按数字"0～4",可设置"氢焰 1"的灵敏度,4 最高、0 最低,设置好以后按 送数 键,光标移至下一位置,即"氢焰 1"的"极性"处。"极性"仅可按 0 或 1 表示两个极性,按数后即可更改极性。再按 送数 键,光标移至"热导"处,可设置热导桥流。桥流最大可设置为 199 mA。设置后再按 送数 键,光标移至"热导""极性"处,可按 0 或 1 更改热导信号极性。再按 送数 键,光标移至"电捕""灵敏度"处,实为电捕基流,可设为 0(off)、1(2 nA)、2(1 nA)、3(0.5 nA)。再按 送数 键,光标移至最后一位,为电捕输入衰减(此处不是极性,注意和其他检测器区别),仅可输入 0(×1)、1(×10)两个数字,输入完按 送数 键,光标移至"氢焰 2""灵敏度"处,可循环修改。

注意:

① SP-6800A 六氟化硫专用气相色谱仪具有掉电保护功能,所有参数一旦设定后,不受关机影响。

② 热导桥流在关机再开机后,上次设置的桥流数依然保留,但必须调节光标停在桥流处,并按 送数 键方可实际加上该桥流值。其他检测参数则不必如此设置。

四、实验操作和定量测定分析

(一) 惰化实验气路

开启载气钢瓶(高纯氮气,99.999％)阀门,调整减压阀出口压力,使其稳定在 0.4～0.5 MPa 范围内,如图 17-5 所示。

在进行定量测定实验的色谱分析前,应当至少提前通载气 4 h 以上,惰化气路以确保整个通路被 N_2 包裹,从而保证电子捕获检测器(ECD)的测量精度。

(二) 设置专用色谱参数

打开色谱分析仪及计算机,选择"电子捕获",进入电子捕获操作界面,如图 17-6 所示。并调节柱室、进样器、检测器温度值,分别设定为 50 ℃、0 ℃、100 ℃,然后点击"加热"。

(三) 设置色谱工作站(电脑端)测定方法及参数

(1) 打开计算机 N2010 色谱工作站,选择通道二,如图 17-7 所示。

(2) 点击"方法"——"新建",如图 17-8 所示,并输入方法名称——"SF6"。

(3) "定量基准"选择"面积","定量方法"选择"外标法",如图 17-9 所示。

(4) 输入待测组分名称,点击"确定",如图 17-10 所示。

图 17-5　高纯氮载气钢瓶设置

图 17-6　电子捕获操作界面

图 17-7　测定通道选择

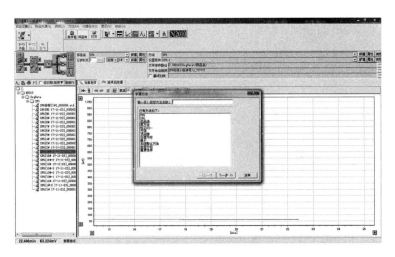

图 17-8　测定方法设置

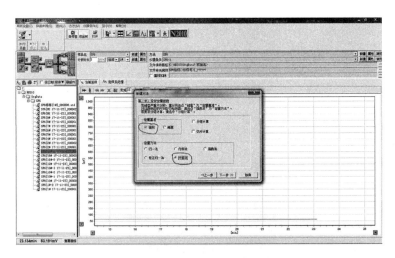

图 17-9　选择定量基准和定量方法

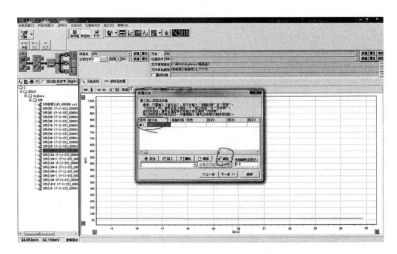

图 17-10　待测组分命名

（5）设定积分参数,如图 17-11 所示。建议不做改动,点击"下一步"。

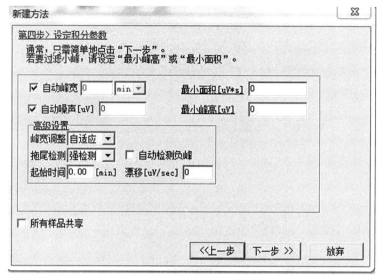

图 17-11　设定积分参数

（6）设置分析时长,一般为 3 min,如图 17-12 所示。至此完成了色谱工作站(电脑端)测定方法及参数的准备工作。

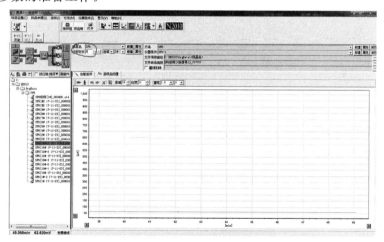

图 17-12　设置分析时长

（四）设定标准气样校正曲线

（1）标准气样的输入。将色谱分析的"取样进样"旋钮旋转至"取样"端,将标准气样按一定速率压入"样气入"进行取样,如图 17-13 所示。

（2）标准气样的进样和分析。将"取样进样"旋钮旋转至"进样"并同时点击"开始"按钮,开始分析气样,如图 17-14 所示。

（3）点击"停止",录入"保留时间",操作方法如图 17-15 所示。

（4）点击"设置配样信息",输入标样浓度 1 ppm,如图 17-16 所示。

（5）重新生成校正曲线,点击"校正",如图 17-17 所示。

图 17-13　标准气样输入

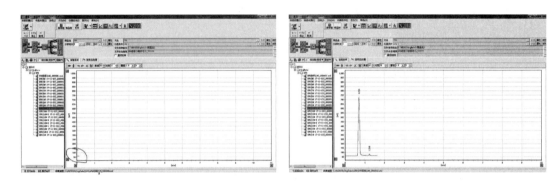

图 17-14　标准气样进样和分析

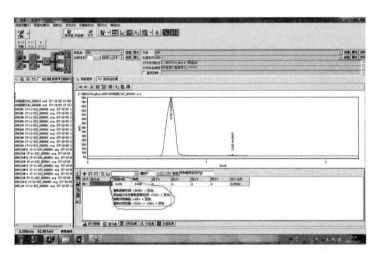

图 17-15　录入保留时间

（6）移除原有标样线，添加新标样线。点击"移除"按钮，再点击添加"标样"，选择新做的标样，点击添加到"标样表"，生成新标样线即可，如图 17-18 所示。

（五）实验试样的色谱分析检测

（1）将装有实验试样的球胆接入"进气口"，将"取样进样"旋钮旋转至"取样"，将试样气样按一定速率压入样气入口进行冲洗。

（2）点击下拉菜单选择"试样"，对试样气体进行命名区分。

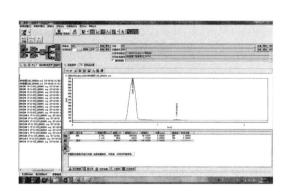
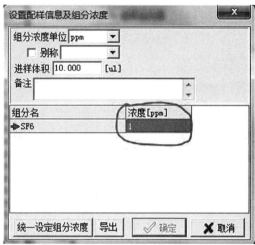

图 17-16　设置配样信息界面

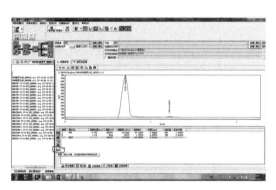
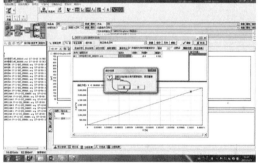

图 17-17　标准气样曲线校正

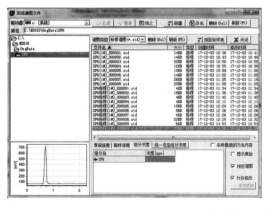
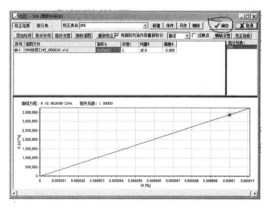

图 17-18　添加新标样曲线

（3）将"取样进样"旋钮旋转至"进样"并同时点击"开始"按钮,开始分析气样。

（4）实验分析结束后,点击"停止"按钮,记录气样浓度等参数,点击"报告预览"或"报告打印",输出分析报告,如图 17-19 所示。

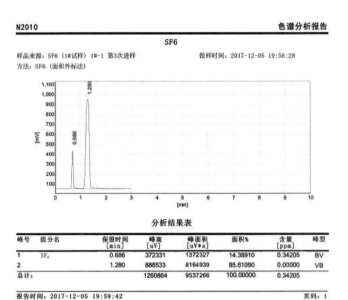

图 17-19　实验试样的色谱分析检测报告示例

五、实验结果记录与分析

在利用色谱对 SF_6 气体浓度进行实验测定分析时,应当对每个实验试样测定 3 次,并以 3 次测定的平均值作为最终的实验 SF_6 气体测定浓度值,以确保实验检测结果的准确性,色谱分析实验结果记录表如表 17-1 所列,并要求配上色谱峰截图界面加以说明。

表 17-1　　　　　　　　　SF_6气体浓度色谱分析结果

试样	第一次测定浓度/ppm	第二次测定浓度/ppm	第三次测定浓度/ppm	平均浓度/ppm
1				
2				
3				

六、实验注意事项

(1) 必须使用纯度为 99.999% 以上的高纯氮气进行惰化气路,使用前应首先通氮气 4 h 以上,才允许升温分析。

(2) 实验测试的进样浓度不宜过大,以防止放射源污染。对于电负性物质,进样时的浓度要控制在 0.1 ppm～0.1 ppb 范围内。

(3) 利用氮气老化色谱柱时,一定要堵死 ECD 进气口,将柱出口的 N_2 直接放空在柱室中,升温老化即可。

(4) 长期连续使用,一旦需要中途短时停机,不要停气,可将流速减小。

(5) 为防止色谱柱流出物沾污管路及放射源,操作时应先升检测室、汽化室温度,待检测温度达到设定值时,再升柱室温度。

(6) 放空必须直接引出室外,防止室内空间的 Ni63 放射源污染。

参 考 文 献

[1] 滕州市滕海分析仪器有限公司.SP-6800A 六氟化硫专用气相色谱仪使用说明书[Z].滕州:滕州市滕海分析仪器有限公司,2018.

[2]《中国电力百科全书》编辑委员会.中国电力百科全书[M].3 版.北京:中国电力出版社,2014.